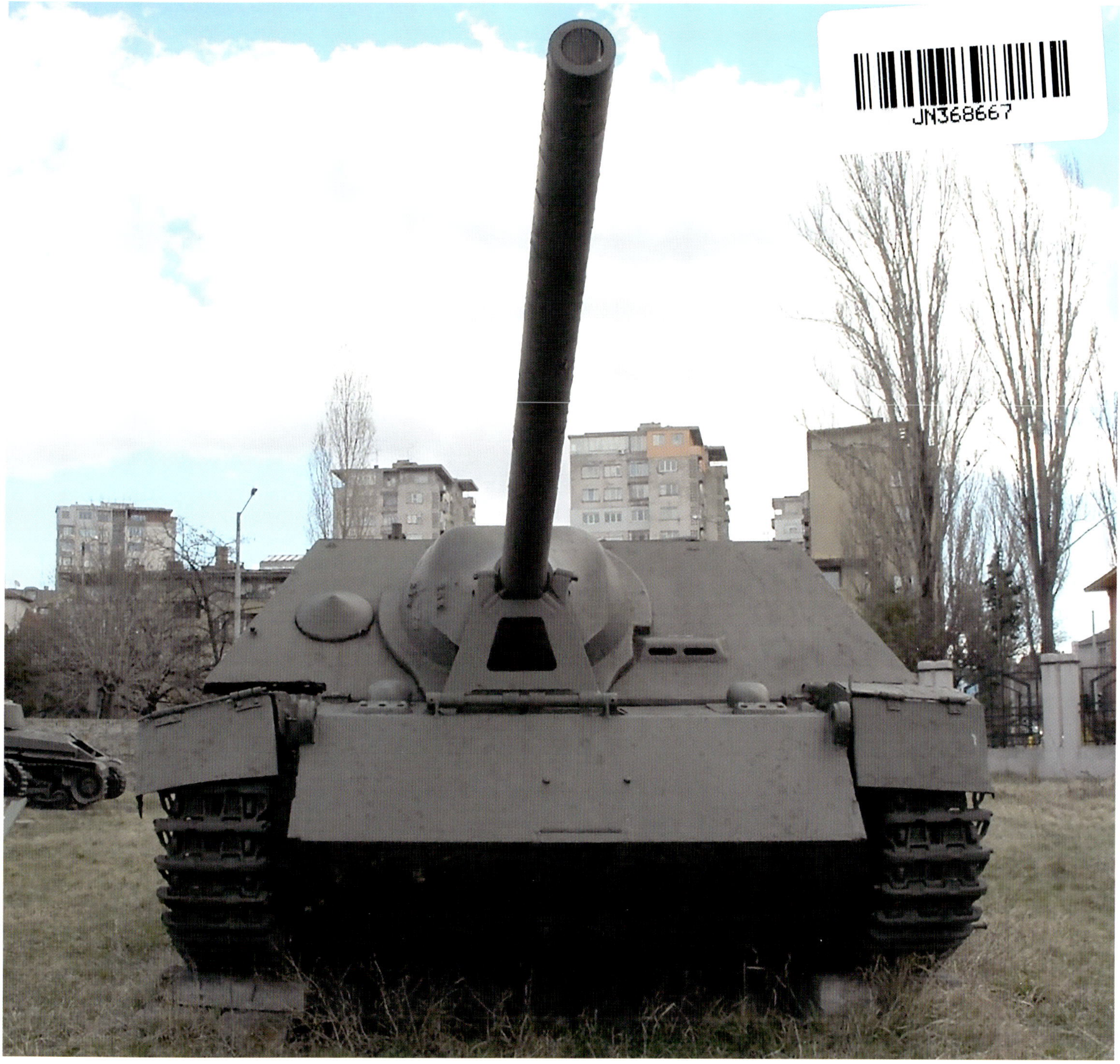

〔Photo / George Papadimitriou, Jaroslaw Garlicki, Photonik〕

독일 4호 구축전차
4호 돌격포 사진집

GERMAN ANTI-TANK SELF-PROPELLED GUN
JAGDPANZER IV / STURMGESCHÜTZ IV

AK HOBBY BOOK

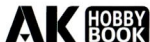

[Photo / Ryuichi Mochizuki]

CONTENTS

1장 Ⅳ호 구축전차 / Ⅳ호 돌격포의 개발과 생산 ················ 3

2장 Ⅳ호 구축전차 ································· 8

3장 Ⅳ호 전차 / 70(V) ···························· 40

4장 Ⅳ호 전차 / 70(A) ···························· 76

5장 Ⅳ호 돌격포 ································· 86

1장 IV호 구축전차/IV호 돌격포의 개발과 생산

제2차 세계대전 후기, 독일군은 IV호 전차를 베이스로 4종류의 강력한 대전차 자주포를 등장시켰다. 두터운 경사 장갑의 전투실을 탑재한 IV호 구축전차, 장포신 70구경 7.5cm 포로 공격력을 키운 IV호 전차/70(V), 과도기 생산 타입인 IV호 전차/70(A), III호 돌격포 G형의 생산 부족을 메운 IV호 돌격포는, 약 2년이라는 짧은 기간에 합계 약 3,000량을 생산. 낮은 차체와 강고한 장갑, 그리고 큰 위력의 장포신 7.5cm 포의 공격력으로 연합군 전차 부대 앞을 가로막았다. 이 책에서는 IV호 구축전차 시리즈와 IV호 돌격포의 개발과 생산 경위를 해설한다.

해설 / 타케우치 키쿠오
Description : Kikuo Takeuchi
Photos : Przemyslaw Skulski, Ruichi Mochizuki, Heereswaffenamt, IWM, NARA

▼전시 주행 중인 오스트레일리아 육상병기 박물관(AAAM)의 IV호 전차/70(V). 정면에서 보이는 실루엣이 상당히 낮고, 작은 전면 투영 면적이 대전차 전투에서 효과가 컸다는 점을 말해준다.

전차, 전차 구축차, 돌격포

독일이 베르사유 조약을 파기하고 군비를 재개한 1935년. 육군은 이미 물밑에서 진행하고 있던 군비 계획에 따라 대규모 전차 부대를 중심으로 하는 기동전, 소위 '전격전' 전술을 실현하기 위해 병력 정비를 개시했다. 제1차 대전에서 등장한 신병기 '전차'는, 대전 기간의 연구와 기술 개발을 통해 공격력, 방어력, 기동력이 크게 진화해서, 종심 돌격으로 적 진지에 큰 타격을 주는 것이 가능한 일대 전력이 되어 있었다.

독일에서는 이 강력한 전차 부대에 대항할 수단도 동시에 연구했는데, 그 결론은 '전차의 적은 전차'였다. 당시에 전차에 대항할 수 있는 병기라면 주로 차체 장갑을 뚫고 무력화시킬 수 있는 대전차포를 생각했다. 대전차포는 이미 구축된 방어진지에 배치하면 유효한 전력이 되지만, 기동전 중의 기민한 행동이 필요한 대전차 전투에서는 적합하지 않았다. 그래서 전차 포탑에 대전차포를 탑재해서 적 전차를 격파한다는 결론에 도달했을 것이다. 전차의 주포에는 대전차포인 동시에 본래 임무로 상정했던 보병 등의 지원사격을 행하기 위한 유탄도 발사할 수 있는 양용포가 요구됐고, 독일군에서는 이를 충족한 3.7cm 포(후에 5cm 포로 환장)를 탑재한 주력 III호 전차와, 7.5cm포를 탑재한 지원용 IV호 전차의 두 갈래로 전차를 정비했다.

또한, 대전차포의 기동력을 높이기 위해 포를 견인하는 트랙과 하프트랙을 충실하게 마련하는 동시에, 이러한 차량에 대전차포를 탑재한 자주포의 개발도 진행했다. 기존 전차의 차체를 사용해서 제일 먼저 제조된 것이 'I호 전차 구축차'(Panzerjäger I)였다. 체코슬로바키아를 병합한 뒤에 입수한 4.7cm Pak(t) 대전차포를, 전차로서는 이미 구식이 돼버린 I호 전차 B형의 포탑을 철거하고 간단한 장갑판과 함께 차체에 고정해서 탑재한 대전차 자주포(독일에서는 '전차 구축차'라

▲독일 아프리카군단에 배치돼서 북아프리카 전선에서 싸우는 I호 전차 구축차. I호 전차 B형의 차체에 체코슬로바키아제 4.7cm 대전차포를 탑재. 이런 개조 전차 구축차는, 노획 차량이나 노획한 포를 사용해서 대량으로 제조했다.

▲동부전선의 IV호 a형 10.5cm 대전차 자주포 티거 맥스. 포신에는 격파 수를 의미하는 것으로 추정되는 세로 선이 그려져 있다. 차륜과 궤도 등의 구동부는 IV호 전차 D형에서 유용했지만, 차체는 오리지널 설계다.

고 호칭)로, 1940년 프랑스 침공, 발칸 반도 침공, 1941년 북아프리카 전선 등에서 활약했다. 하지만 다양한 상황에서 벌어지는 실전에서는, 책상머리에서 계획한 대로만 진행되지 않는 법. 이미 소구경 대전차포로는 전차의 진보를 따라잡지 못했는데, 특히 1941년 6월 22일에 개시한 소련 침공 '바르바로사 작전'에서는, III호 전차와 IV호 전차보다 뛰어난 성능을 지닌 소련군의 KV-I 중전차, T-34 전차 같은 강력한 전차와 대치하면서 진격을 저지당했다.

이런 위기 상황에서 구세주 같은 역할을 했던 것이 '돌격포'였다. 돌격포는 독일군에서 부르는 명칭으로, 보병 지원용 대구경포를 탑재하고 지붕까지 장갑으로 밀폐한 전투실을 지닌 방어력이 높은 자주포를 의미한다. 당시 독일군이 장비했던 III호 돌격포 B형은, III호 전차 F형의 차체에 IV호 전차 D형과 거의 같은 7.5cm StuK L/24포를 탑재. 전고는 IV호 전차 D형의 2,680m보다 상당히 낮은 1,960m. 기동력도 최대 속도 40km로, 전차형과 동등했다. III호 돌격포의 운용 방침은 보병의 공격을 지원하는 것이 주된 임무이며, 적 전차와의 교전은 IV호 전차가 담당. 부득이한 경우로 한정되기는 했지만, 소련 전차 부대와의 전투에서는 그런 이상론이 통하지 않아서 III호 돌격포가 전면에 나서는 경우도 많았는데, 유효한 포격 능력과 낮은 차체가 대전차 전투에서 상당히 유효하다는 것이 판명됐다. 이런 실전에서는 숙련도가 뛰어난 승무원의 역량 덕분이기도 했지만, 어쨌거나 아군의 손해보다 훨씬 많은 소련군 전차를 격파하는 데 성공했다.

전차 구축차에서 구축전차로

독일군에서는 제2차 세계대전 이전인 1939년부터 중장갑 전차나 견고한 적 진지를 공략하기 위해 대구경포를 탑재한 전차 구축차 개발을 진행하고 있었다. 크루프(Krupp)에서는 약 1941년 3월까지 2년에 걸쳐 'IV호 a형 10.5cm 대전차 자주포'(10.5cm KPz.Sfl.IVa)의 시제차 2량을 완성했다. 이 차량은 10.5cm K16 L/52포를 오픈 탑 전투실에 탑재했고, 차체는 4호 전차 D형의 것을 유용했다. 과도한 중량 때문에 기동성이 떨어지기는 했어도 어떤 전차라도 격파할 수 있는 공격력을 지녔는데, 공격 병기치고는 방어 장갑이 부족하다는 판정을 받아서 양산까지는 이르지 못했다. '티거 맥스'라고 불린 이 시제차 2량은 동부전선에서 실전 투입됐는데, 대전차 전투에서 유효하게 사용했다.

소련과의 전투에서 얻은 교훈, 소위 'T-34 쇼크' 덕분에 돌격포의 대전차 공격력을 키우기 위해, 1942년 3월부터 장포신 7.5cm StuK 40 L/43포를 탑재한 III호 돌격포 F형의 생산이 시작됐고, 1942년 7월부터는 포신이 더 길어진 7.5cm StuK 40L/48포로 환장했다. 그와 동시에 전차부대가 운용하는 대전차 전투에 특화된 '신형 돌격포'의 개발도 시작했다.

처음에는 완전히 새롭게 개발한 차체에 당시에 개발 중이었던 판터 전차와 같은 7.5cm Kw.K. L/70포를 탑재하는 자주포를 계획했지만, 개발 기간 단축과 양산성을 생각해서 IV호 전차의 차체를 유용하기로 결정했고, 다양한 디자인을 고려했다. 자세한 설계는 포마그(VOMAG)가 담당했는데, 이 계획에는 히틀러 총통도 상당한 관심을 보여서 탑재 포, 궤도 폭, 최저 지상고 등의 세세한 부분까지 지시했다.

▲영국군이 노획한 III호 돌격포 C/D형. 단포신 7.5cm Stuk 40 L/24포를 탑재. 원래는 보병부대 화력 지원용이었지만, 강력한 소련군 전차와 대치하는 동부전선에서는 낮은 차고 덕분에 대전차 전투에서도 위력을 발휘할 수 있다는 것을 알게 됐다.

1943년 5월에 전투실 등의 상부 구조물 목업이 완성됐고 10월 20일, 훗날 'IV호 구축전차'가 되는 'IV호 차체 탑재 7.5cm 포 L/48 경전차 구축차'의 시제차 0 시리즈가 완성됐다.

이 시제차는 좌우를 둥글게 구부려 가공한 전투실 전면 장갑 등 세세한 부분이 양산차와 달랐지만, IV호 전차 F형을 베이스로 삼으면서도 앞부분에 경사 장갑을 채용한 차체와 새롭게 개발한 전투실, 7.5cm Pak39 L/48포를 주조로 만든 둥그스름한 맨틀릿과 포방패에 장비, 전면 장갑은 전면 60mm/50도, 측면 40mm/30도, 후면 30mm/33도로 충분한 장갑 두께를 확보했다. 또한 차체 전면도 IV호 전차와 다른 쐐기 모양으로 튀어나온 형태로 변경됐고 장갑도 상부 60mm/45도, 하부 50mm/55도로 대폭 강화했다. 승무원은 IV호 전차의 5명에서 탄약수가 무전수를 겸임하면서 4명으로 감소했다.

히틀러의 인가를 받아 'IV호 전차 구축차 F형(Sd.Kfz.162)'이라는 이름으로 양산 명령이 내려졌고, 포마그에서 양산차 제조가 시작됐다. 1943년 12월까지 90량을 완성할 계획이었지만 주강의 품질 문제 때문에 지연이 발생해서 첫 30량의 납품이 1944년 1월로 밀렸다. 그 뒤에 1944년 5월에 생산한 300번째 차량부터 전투실과 차체 전부 윗면의 전면 장갑 두께를 80mm로 늘렸다. 1944년 11월까지 합계 769량을 생산했고, IV호 전차/70(V)가 뒤를 이어받는 형태로 생산을 종료했다. 또한, 이 차량의 명칭은 생산 기간 중에도 다양하게 변화했는데, 1944년 9월에 나타난 'IV호 구축전차 F형'이 이 차량을 가장 잘 표현한 명칭이라고 여겨진다.

전차를 대체하는 구축전차

IV호 구축전차 F형 양산차에서는 초기 계획에서 검토했던 7.5cm Kw.K. L/70포 탑재가 보류됐지만, 1944년 1월 말에 히틀러 총통의 명령으로 L/70포 탑재를 재검토하게 됐다. 4월에는 IV호 구축전차의 주포를 7.5cm Kw.K. L/70포로 환장한 시제차가 완성. 히틀러의 확인을 받고 최중요 차량으로서 최종적으로 월 800량까지 생산을 확대하라는 명령이 발령됐다.

1944년 6월에는 IV호 전차와 연합군에게서 노획한 T-34-85, JS-122 등과 비교 테스트를 했고, IV호 전차 H/J형이 공격력도 방어력도 한참 뒤떨어진다는 사실이 판명됐다. 7.5cm Kw.K L/70포는 JS-122를 제외한 모든 전차를 격파할 수 있었지만 IV호 전차의 포탑에는 이 포를 탑재할 여유가 없었고, 그래서 한시라도 빨리 신형 IV호 구축전차의 양산이 필요해졌다.

7월, 히틀러 본인이 이 차량을 'IV호 전차 랑(V)'이라고 명명했다. 그 뒤에 일반적인 명칭으로 'IV호 전차/70(V)'(Panzer IV /70(V))가 채용됐다. 실체는 '구축전차' 그대로인데 명칭이 '전차'로 바뀐 것은, 당시에 생산 중이던 IV호 전차 H/J형을 제조가 용이하고 방어력도 높은 IV호 구축전차로 교체한다는 의미가 있었기 때문이라고 전해진다.

IV호 구축전차에 7.5cm Kw.K L/70포를 탑재하기 위해서는 다양한 설계 변경이 필요했다. 맨틀릿은 중량은 줄이면서도 방어력은 떨어지지 않도록 신중하게 다시 설계했다. 약 1.65m나 길어진 포신이 주행에 따른 조준 변화와 기복이 심한 지형에서 주행하면서도 파손되지 않도록 외부에 트래블링 클램프를 설치했고, 전투실 내부에는 증가한 포연을 빠르게 환기할 수 있

▲1943년 8~9월 무렵 동부전선에서 주행하는 III호 돌격포 G형. 주포를 장포신 7.5cm StuK 40 L/48포로 환장하고 장갑도 강화. 전쟁 종결 때까지 대전차 전투에서 적 전차를 13,000량 격파했다고 전해진다.

▲문스터 전차박물관의 IV호 구축전차 시제 차량 0시리즈. 전투실 전면 장갑판 좌우 모양이 다르다는 등의 세세한 부분을 제외하면 거의 IV호 구축전차 초기 생산차와 비슷한 사양이다.

▲독일 문스터 전차박물관에 전시된 IV호 구축전차 후기 생산차. 전면 장갑판은 80mm로 두꺼워졌지만, 주포의 머즐 브레이크와 차체 전면의 예비 궤도 등, 초기 생산차를 기준으로 복원했다.

는 배연기를 장비하기도 했다.

7.5cm Kw.K. L/70포를 탑재한 덕분에 판터 전차에 필적하는 공격력을 얻었지만 그 대가로 중량이 증가했고, 특히 전방의 중량이 과다한 프론트 헤비 경향이 되면서 기동성 악화를 초래했다. L/70용 포탄도 탄피 부분이 굵고 길어졌기에 휴행 탄수가 79발에서 57발로 감소했다. 차체 중량 균형을 개선하기 위해 서스펜션 전체를 100mm 전진하는 계획도 있었지만, 차체를 재설계해야 한다는 이유로 취소됐다. 1944년 8월, 전방의 좌우 합계 4개의 보기륜을 증가한 중량도 견딜 수 있는 강재(鋼材) 바퀴로 전환하고 경량형 궤도를 채용했으며, 전면 장갑 두께도 60mm로 되돌려서 중량 경감을 꾀했다. 하지만 강재 바퀴와 경량형 궤도는 실현됐지만, 장갑 두께는 생산을 종료할 때까지 80mm를 유지했다.

IV호 전차/70(V)는 1945년 3월 19, 21, 23일에 걸친 세 번의 공습으로 포마그의 공장 시설이 파괴되고 조업을 정지할 수밖에 없게 될 때까지 합계 930량을 생산했다.

잠정형 IV호 구축전차

IV호 구축전차를 계획할 때, IV호 전차의 차체에 III호 전차의 전투실을 얹은 'IV호 전차 차체형 돌격포' 개발이 진행됐었다. 이것은 7.5cm Kw.K. L/70포를 탑재한 돌격포 상부 구조물을 IV호 전차의 차체에 탑재하겠다는 구상이었고, 알케트(Alkett)가 제조할 예정이었다. IV호 전차에 7.5cm Kw.K. L/70포 탑재가 불가능하다고 판명되자, 그 대신에 IV호 전차의 차체에 IV호 전차/70(V)의 상부 구조물을 탑재하는 계획이 다시 수면으로 올라왔다. 히틀러는 이 차량을 'IV호 전차 랑(A)'라고 호칭했는데, 일반적으로는 'IV호 전차/70(A)'(Panzer IV/70(A))라고 불렸다. 또한 '잠정 사양(Zwischenlösung)'이라고 부르기도 했다.

생산은 알케트가 맡았고, 당시에 IV호 전차 J형을 생산했던 니벨룽겐 제조소에서 차체를 수령해서 포마그의 IV호 전차/70(V) 상부 구조물을 탑재. 양쪽을 연결하게 해주는 전투실 하부는 알케트가 설계, 제조했다. 차고는 2,200m가 됐는데, IV호 전차/70(V)보다 35cm 높아지면서 실전에서는 약간 불리해졌다. 또한 IV호 전차와 같은 위치에 배치된 연료 탱크가 간섭해서 주포의 앙각이 제한되고 기어박스 정비가 곤란해지는 등의 문제가 있기는 했지만, 차체 쪽을 개수할 시간도 없어서 1944년 8월부터 그대로 양산을 시작했다.

그에 앞서 1944년 7월, III호 전차 G형, IV호 돌격포, IV호 전차/70(V), IV호 전차/70(A)를 통합한 대전차 자주포 생산 계획이 입안되어 있었다. 각 회사에서 생산하고 있던 이 유사 차량에 전부 7.5cm Kw.K. L/70포를 탑재하기 위해, 1944년 말부터 1945년 초에 걸쳐 'III/IV호 전차 자주포' 또는 'IV호 전차 랑 E'('E'는 '표준 차체'를 의미)로 생산을 전환하기 위한 것이었다. 하지만 이것은 현실적인 생산 현장을 무시한 탁상공론에 불과했고, 그 뒤로 몇 달 동안 정신없이 계획을 변경한 끝에 1944년 10월 3일, 'IV호 전차 랑 E'로 생산을 전환하는 계획이 정식으로 파기됐다.

IV호 전차/70(A)는 1944년 9월부터 부대 배치를 시작했지만 평판은 그다지 좋지 않았고, 전선에서는 전투에서 써먹을 물건이 아니니 일반적인 IV호 전차 J형을 생산하는 쪽이 좋겠다는 보고서까지 올렸다.

◀베일리교 옆에서 강에 빠진 IV호 전차/70(V) 221호차. 상부 보기륜이 3개인 것을 통해서 후기 생산차라는 걸 알 수 있다. IV호 구축전차와 마찬가지로 쉬르첸을 장착하지 않은 차량이 많다.

▲1945년, 민가 앞에 유기된 IV호 전차/70(A). 긴 포신에 빨래를 널어놨다. 차체 측면에는 철망형 쉬르첸을 장착했고, 전방의 보기륜 4개가 강재 바퀴인 것을 알 수 있다.

돌격포 생산 보충

IV호 전차를 돌격포로 개조하는 계획은 1943년 2월, 군수상 슈페어의 제안으로 IV호 전차에 III호 돌격포의 전투실 탑재를 검토한 데서 시작됐다. 그 뒤, 8월의 히틀러 총통이 참가한 회의에서 돌격포가 전차와 동등한 임무를 맡을 수 있다는 인식을 바탕으로, 앞으로는 전투 차량을 전차에서 구축전차(대전차 자주포)와 돌격포로 이행한다는 제안이 나왔고, 연구를 계속 이어가게 되었다. 하지만 이 직후에 계획은 생각지도 못한 진전을 보이게 된다.

1943년 11월 23일과 26일, 연합군의 베를린 공습으로 알케트의 공장이 피해를 입었고 III호 돌격포의 생산이 정체되는 사태가 벌어진다. 그래서 12월 초, 부족한 생산분을 크루프 그루존(Krupp Gruson) 제작소가 IV호 전차의 차체에 III호 돌격포의 상부 구조물을 탑재해서 보충하게 되었다. IV호 전차도 독일군 주력 전차로서 생산을 재촉하고 있었지만, III호 돌격포 부족도 심각했기에 일시적인 조치로서 생산 전환을 인정하게 되었다. 크루프 그루존 제작소는 IV호 전차 H형 생산을 종료하고 IV호 돌격포 생산으로 전환, 1943년 12월 16일에는 빠르게 완성 차량을 제조했고, 연내에 양산차를 30량 납품했다. 그리고 1944년 1월에는 니벨룽겐 제작소의 IV호 전차 차체가 알케트로 보내졌고, 상부 구조물을 얹어서 30량을 생산했다.

IV호 돌격포는 IV호 전차 H형의 차체에 3호 돌격포의 전투실 등을 그대로 탑재한 차량으로, 주포는 7.5cm StuK 40L/48포를 그대로 사용했고 전투실의 장갑 두께 등도 동일했다. 전투실 뒤쪽 끝과 차체 기관실 방화벽으로 위치를 맞춰서 탑재했기 때문에, 차체 전방의 틈새와 차체 오른쪽의 조종수 자리, 전투실 좌우 밑면에만 IV호 돌격포 전용 오리지널 부품을 사용했다.

IV호 돌격포가 호평을 받은 덕분에 알케트의 공장을 재건한 뒤에도 생산은 계속되었고, 1945년 4월에 생산을 종료할 때까지 니벨룽겐 제작소/알케트에서 30량, 크루프 그루존 제작소에서 1111량을 제조해서 합계 1141량이 생산됐다.

▼1944년 6월, 영국군이 이탈리아에서 노획한 IV호 돌격포. 아직 원격 기관총을 탑재하지 않은 초기 생산차지만, 조종수 자리 주위에는 두꺼운 증가 장갑을 장착한 것처럼 보인다.

2장 IV호 구축전차
Jagdpanzer IV (Sd.Kfz.162)

독소전에서 III호 돌격포가 보여준 실적 덕분에, 독일군의 대전차 자주포는 오픈 탑 전차 구축차에서 전고를 낮춘 중장갑 '구축전차'로 변화한다. 이 새로운 콘셉트로 개발한 최초의 차량이 IV호 구축전차였다.

해설/타케우치 키쿠오
도면/엔도 케이
Description : Kikuo Takeuchi
Photos : Przemyslaw Skulski, Ryuichi Mochizuki, Vitaliy V. Kuzmin, George Papadimitriou, Jan Peters, Jacek Szafranski, Alf van Beem, Yuri Pasholok, Wojtek Rynkowski, DN Models, Museum of Battle Glory, Panzerpicture, Bundesarchive, NARA
Drawings : Kei Endo

▲독일 문스터 전차 박물관에 전시된 48구경 7.5cm 포 탑재 IV호 구축전차. 현재는 70구경 7.5cm 포를 탑재한 IV호 전차/70(V)와 구별하기 위해 'IV호 구축전차 L/48'이라고 부르는 경우도 있다.

【IV호 구축전차 성능 제원】
전장 : 6.850m
전폭 : 3.170m
전고 : 1.860m
최저 지상고 : 0.400m
중량 : 24톤
승무원 : 4명 (차장, 포수, 탄약수, 조종수)
무장 : 7.5cm Pak 39 L/48
　　　탄약 79발
　　　7.92mm MG 42 1정
엔진 : 마이바흐 HL 120 TRM
　　　V형 12기통 수냉 가솔린 엔진
최대 출력 : 265마력
트랜스미션 : ZF S.S.G.76
　　　　　　전진 6단, 후진 1단
최고 속도 : 40km/h (도로)
평균 속도 : 도로 25km/h, 야지 15~18km/h
연료 탱크 용량 : 470리터
항속거리 : 도로 210km, 야지 130km
차체 장갑 두께 : 60(초기)/ 80(후기)~10mm
전투실 장갑 두께 : 60(초기)/ 80(후기)~20mm

IV호 구축전차의 생산과 개수

1944년 1월에 처음 생산했을 때는 'IV호 구축전차 F형(7.5cm Pak 39 L/48 탑재)'라고 불렸지만, 1944년 9월부터 'IV호 구축전차 F형'이라는 호칭을 사용하게 됐다. IV호 전차 H형을 생산했던 포마그에서 1944년 11월까지 769량을 생산했는데, 동사는 1944년 5월에 IV호 전차 병행 생산을 중단하고 IV호 구축전차 생산으로 완전히 전환했다. 그리고 1944년 8월부터 7.5cm Pak 42 L/70포를 탑재한 IV호 전차/70(V) 생산을 개시했고, IV호 구축전차는 생산을 줄였다.

당초 생산차는 전투실 정면 장갑 두께가 60mm였지만 1944년 5월에 생산한 300량째부터 80mm로 늘렸는데, 그래서 두께 60mm 차량은 '전기 생산차', 80mm 차량은 '후기 생산차'로 분류하는 경우도 있다.

1944년 1월 생산 당초에는 시제차의 전투실 측면의 피스톨 포트 대신 전투실 지붕에 '근접 방어 병기'를 장비하는 원형 구멍이 뚫려 있었지만, 근접 방어 병기의 생산이 부족해서 실제로는 장비하지 못했고, 4개의 볼트로 고정하는 장갑 커버를 장착했다.

1944년 2월, 차체 전방 경량화를 위해 차체 뒷면에 장착했던 예비 보기륜 2개를 기관실 뒷면 좌측 해치로 옮겼고, 남은 공간에 차체 전면에 장비했던 예비 궤도를 장착했다.

1944년 3월, 전투실 전면에 설치된 주포 좌측의 기관총 포트는 사용하기 힘들었기에 폐지. 이미 제조된 전면 장갑판에는 두께 60mm의 장갑 플러그를 용접해서 장착. 또한 1944년 3~4월 생산차 일부에는 탄약수 해치 전방에 전방위 원격 기관총을 시험 탑재했지만, 설치 공간에 문제가 있다는 보고가 올라오면서 채용까지는 가지 못했다.

1944년 4월, 7.5cm Pak 39포의 머즐 브레이크가 신형 복좌장치 채용과 함께 폐지됐다. 머즐 브레이크 장착은 연속 발사 시에 복좌장치의 과열을 막기 위한 것이었는데, 50발 연속 발사 시험 결과 구형으로도 문제가 없다는 점이 판명됐다. 전선 부대에서는 발사 시 흙먼지를 막기 위해서 이미 머즐 브레이크를 떼어낸 상태로 운용했었고, 이후에는 새로운 복좌장치로 교환해서 계속 운용했다. 또한, 중량 경감을 위해 맨틀릿 기부 아래쪽 모서리를 잘라냈다.

1944년 5월, 앞서 말한 대로 전면 장갑판 두께가 80mm로 늘어났다. 동시에 우측 기관총 포트의 고깔 모양 커버도 커졌고, 거기에 맞춰 맨틀릿도 일부를 잘라냈다.

1944년 6월, 생산 간이화를 위해 기관실 윗면의 냉각수 주입구를 경사가 없는 심플한 상자 모양으로 변경.

1944년 9월 10일, 약 1년 동안 공장에서 처리해왔던 치메리트 코팅 도포 폐지가 통지됐다. 또한 9월에는 전투실 지붕의 캔버스제 빗물 막이 고정 고리를 전후좌우 측면에 증설했다

1944년 10월, 롤러 베어링 절약과 제조 시간 단축을 위해 구동부 위쪽의 보기륜을 한쪽에 4개에서 3개로 줄였다. 니벨룽겐 제작소에서 생산하던 IV호 전차 J형에는 12월부터 도입했는데, 포마그에서는 그보다 일찍 도입했다는 뜻이 된다.

IV호 구축전차 시제차 (0시리즈)

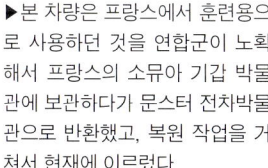

▲독일 문스터 전차박물관에 전시된 '0시리즈'라고 불리는 IV호 구축전차 시제 2호기 'V2'. 당시 독일의 전차 개발은 0시리즈로 시험한 뒤에 양산차 생산에 들어가는 것이 기본적인 절차였다.

▶본 차량은 프랑스에서 훈련용으로 사용하던 것을 연합군이 노획해서 프랑스의 소뮈아 기갑 박물관에 보관하다가 문스터 전차박물관으로 반환했고, 복원 작업을 거쳐서 현재에 이르렀다.

▲전면. 차체 앞쪽 윗부분에 있는 예비 궤도 랙, 좌우가 둥그스름한 전면 장갑판, 주포 좌우에 설치된 기관총 포트 등, 시제차와 초기 생산차에서 볼 수 있는 특징을 잘 확인할 수 있다.

▲시제차 뒷면. 문스터 전차박물관이 복원하면서 다른 차량에서 유용한 부품과 새로 만든 부품들을 사용했기에 세세한 부분이 다르기는 하지만, 거의 완벽에 가까운 형태로 복원했다.

◀정면. 차체 앞쪽 윗부분과 전투실 전면 모두 장갑 두께는 60mm이고, 각각 경사를 45도와 40도로 만들어서 적 전차의 포격에도 충분히 견딜 수 있는 장갑 두께가 됐다.

▼전투실 우측 윗부분. 중앙에는 주포의 주조제 맨틀릿이 있다. 기관총 포트는 고깔 모양 커버가 열린 상태. 개구부는 위쪽의 사각형 조준구와 아래쪽의 타원형 총구 2곳.

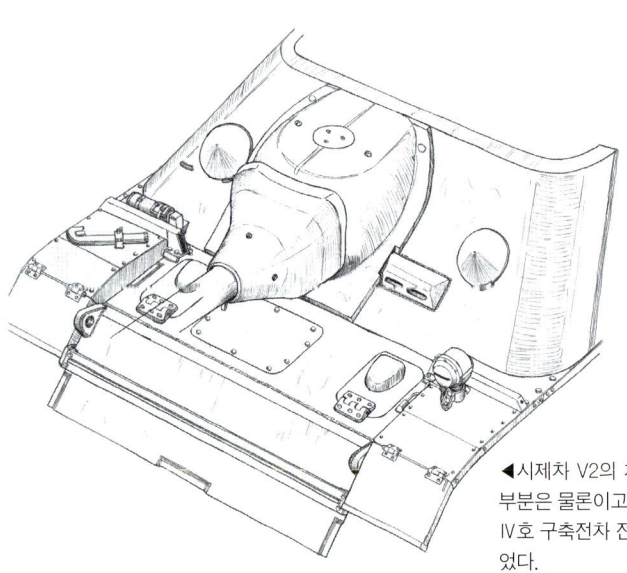

◀시제차 V2의 차체 전부. 전투실 부분은 물론이고 그 전방의 차체도 IV호 구축전차 전용 설계로 변경되었다.

◀왼쪽에서 본 주포 방패와 맨틀릿. 목업 등에서는 다양한 형태를 볼 수 있지만, V2 이후에는 기본적으로 형태 변경이 없다. 맨틀릿 왼쪽은 조종수 잠망경 커버와 간섭하는 부분을 잘라냈다.

▼왼쪽 기관총 포트. 이쪽도 장갑 커버가 열린 상태. 기관총 포트 오른쪽 아래에는 조종수 잠망경의 장갑 블록을 용접했는데, 이것은 장갑 커버를 열었을 때 스토퍼 역할도 겸한다.

▲오른쪽 기관총 포트. 고깔 모양 장갑 커버는 안쪽에서 좌우로 회전해서 여닫는다. 바깥쪽 아래에는 장갑 커버 2개를 용접해서 설치.

◀오른쪽에서 본 방패. 맨틀릿과 함께 주조로 만들었는데, 표면 처리를 해서 비교적 매끄럽다. 측면에는 포신 조정용으로 추정되는 볼트 구멍이 있다.

▲시제차부터 초기 생산차까지의 7.5cm Pak 39 L/48포와 방패. 포구에는 머즐 브레이크를 장착했다.

▲오른쪽 전방에서 본 머즐 브레이크. 2단식으로 앞쪽은 타원, 뒤쪽은 원형이다.

▲머즐 브레이크 좌측면. 포탄 발사 시의 압력을 측면으로 분산시켜서 발사 충격을 완화하고 포신 후퇴 거리를 줄일 수 있다.

▲오른쪽 후방에서 본 머즐 브레이크. 배연구 후방 위쪽에는 고정 볼트의 머리를 확인할 수 있다.

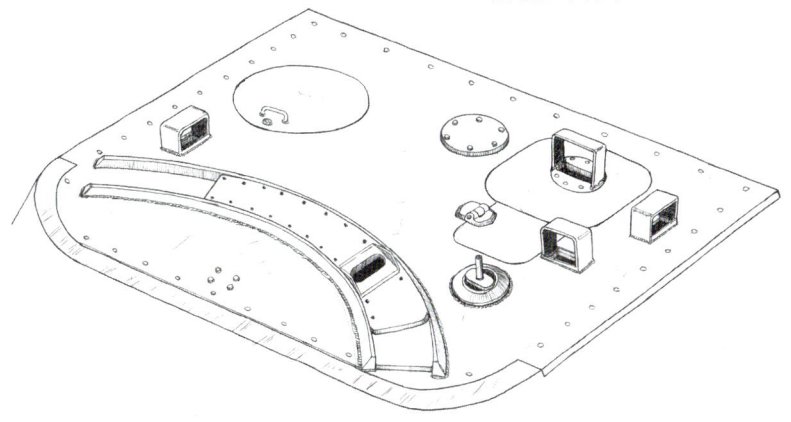

▲시제차 전투실 지붕. 조준기와 잠망경을 제거한 상태로 묘사했다. 지붕의 장갑 두께는 20mm.

▲왼쪽 측면에서 본 전투실 지붕. 주포 조준기 커버는 포 좌우 동작에 맞출 수 있도록 반원형으로 되어 있다. 그 뒤쪽에 보이는 원형 돌기는 승강식 잠망경인데, 시제차에만 장비.

▼오른쪽에서 본 전투실 뒷면. 장갑 두께는 30mm, 경사각은 30도. 예비 안테나 2개를 고정할 수 있는 브래킷을 용접해서 설치했다.

◀전투실 지붕 뒤쪽을 오른쪽에서 본 모습. 왼쪽에는 차장 해치가 있고 선회식 잠망경이 달린 대형 승강용 해치, 쌍안식 포대경용 전방 작은 해치로 구성되어 있다. 차장용에는 왼쪽 측면을 볼 수 있는 고정식 잠망경도 있다.

◀후방에서 본 전투실 좌후면. 예비 안테나 2개가 가로로 장착되어 있다. 차장 해치 오른쪽에는 근접 방어 병기를 장비할 예정인 원형 뚜껑이 볼트로 고정되어 있다.

◀오른쪽 전방에서 본 모습. IV호 전차 F형을 베이스로 만든 목업과 다르게, 시제차에서는 차체 앞부분을 새로 설계해서 날카로운 쐐기 모양이 되었다.

▲차체 앞쪽 윗면에 설치한 예비 궤도 랙. 이 차량에는 예비 궤도가 10개 세트되어 있는데, 좌우에 5개 정도가 더 들어갈 것 같다.

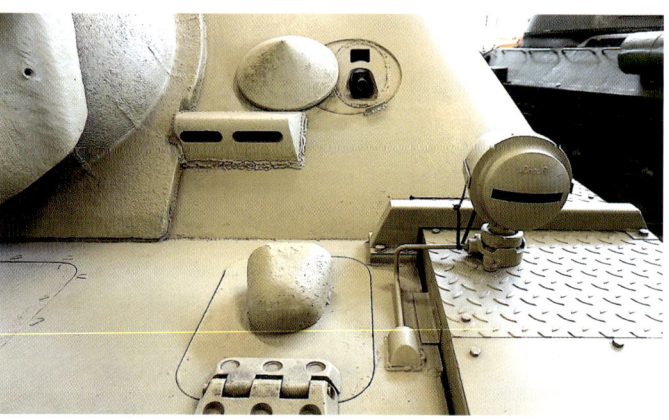

▲차체 왼쪽 전방. 윗면에는 왼쪽 브레이크 점검 해치, 왼쪽 펜더 스테이, 왼쪽에만 설치한 전조등과 그 배선 등을 확인할 수 있다.

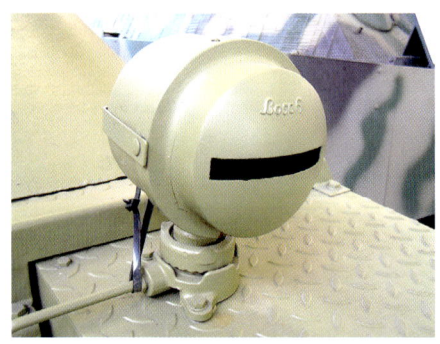

▲전조등 확대. 관제형이고 '보쉬 라이트'라는 애칭대로 전면 커버에 양각으로 'Bosch'가 새겨져 있다.

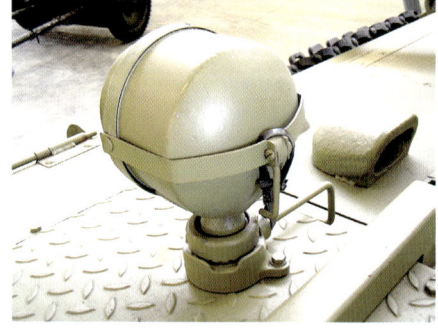

▲전조등 뒤쪽. 전면 커버는 뒤쪽까지 이어지는 금속 띠로 고정했고, 제거도 가능.

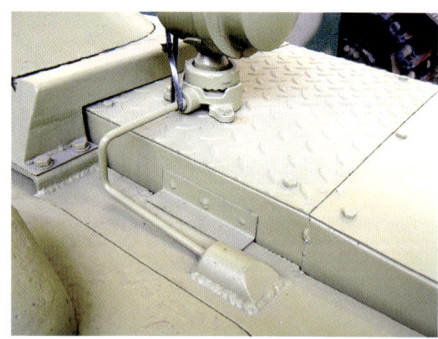

▲차체 왼쪽 장갑 커버에서 전조등 기부 소켓까지는 배선을 내장한 파이프로 연결되어 있다.

◀오른쪽의 브레이크 점검 해치. 전방의 경첩으로 여닫는다. 윗면에는 주조제 배기구를 용접해서 설치.

◀후방에서 본 오른쪽 브레이크 점검 해치. 해치 앞쪽 테두리에 열쇠 구멍이 있다. 배기구 구멍에 주의.

◀왼쪽 측면. IV호 전차 H형 초기 생산차를 베이스로 삼았는지 보기륜은 주조제 허브 캡, 위쪽 보기륜은 고무 림 방식이다.

▶오른쪽 측면을 후방에서 본 모습. 차체 측면 일부에 치메리트 코팅 흔적이 남아 있다. 왼쪽과 다르게 오른쪽 위쪽 보기륜은 전부 강재로 만든 것이 장착되어 있다.

▲전투실 좌측면 장갑판. 장갑 두께는 40mm/60도. 피스톨 포트에는 고깔 모양 장갑 플러그를 용접했다. 측면에는 '슐룽 파처크'(훈련 차량)이라고 적혀 있다.

▲우측면 전방. 펜더와 전투실 측면에 차체 측면 쉬르첸 설치용 브라켓을 용접으로 장착.

▲쉬르첸 설치용 브라켓을 위쪽에서 본 모습. 이 브라켓은 차체 한쪽에 5개가 설치되어 있다.

▲전방에서 본 전투실 측면. 전면과 측면 장갑판은 용접으로, 지붕은 볼트로 고정. 오른쪽 측면에는 피스톨 포트가 없다.

▼차체 오른쪽을 후방에서 본 모습. 안쪽에는 기관실의 배기 그릴과 뒤쪽 펜더, 위쪽에는 쉬르첸을 장착했다.

▼전투실 뒷면과 기관실 사이에 전투실 환기구가 보인다. 기관실 측면 쉬르첸은 브라켓을 이용해서 볼트로 고정했다.

◀차체 뒷면. 견인 고리를 아이 플레이트로 바꾸고 밑면에서 위로 올라오는 부분을 폐지하는 등 IV호 전차 H형 후기 생산차~J형의 개수를 먼저 적용했다.

▲뒷면 상부 왼쪽. IV호 전차에는 왼쪽 펜더 중앙에 장비했던 예비 보기륜 2개를 뒷면 랙에 장비. 왼쪽의 田 모양은 잭의 바닥면.

▲뒷면 오른쪽. 위쪽에 예비 보기륜, 중앙에 원통형 머플러를 장비. 아래쪽에는 치메리트 코팅 흔적이 남아 있다.

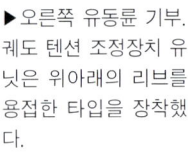

▶오른쪽 유동륜 기부. 궤도 텐션 조정장치 유닛은 위아래의 리브를 용접한 타입을 장착했다.

▲하부 중앙의 견인 홀더. 그 오른쪽 위에는 관성 시동장치 장착 샤프트와 삽입구 해치, 왼쪽 위에는 냉각수 교환 구멍을 막는 사각형 플레이트가 있다.

◀오른쪽 중앙부. 견인 고리를 거는 부분은 측면 장갑판과 일체화한 아이 플레이트 타입. IV호 전차 H형까지 장비했던 포탑 선회용 보조 엔진 머플러를 철거한 곳에 잭 받침대를 벨트로 고정했다.

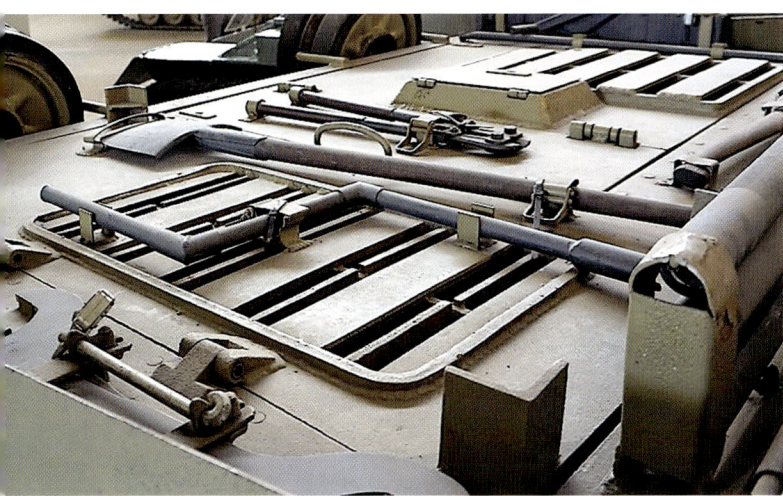

▲후방 오른쪽 끝에 달린 C자 샤클. IV호 전차 H형 중기 생산차부터 S자 샤클을 C자로 환장했다.

▲오른쪽 전방에서 본 기관실 윗면. 좌우 펜더 대부분을 전투실과 쉬르첸이 차지한 결과, 차재 장비품은 대부분 기관실 윗면으로 이설됐다.

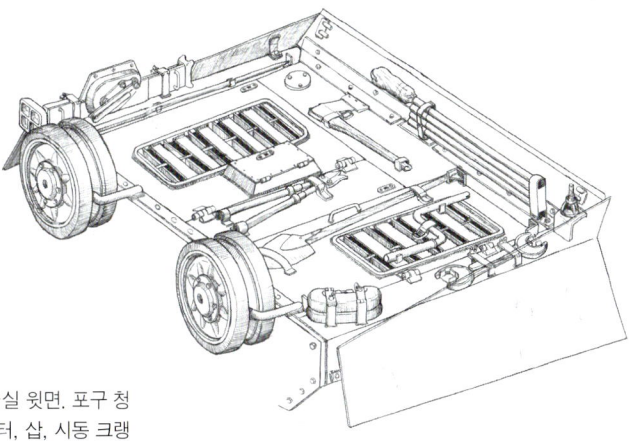

◀후방에서 본 기관실 윗면. 포구 청소 막대, 와이어 커터, 삽, 시동 크랭크, 궤도 텐션 조정장치용 렌치 등이 장착되어 있다.

▲0시리즈의 표준적인 기관실 윗면. 차재 장비품을 제외하면 IV호 전차 H와 거의 같다. 안테나 포트는 전투실 뒷면 오른쪽에 장비되어 있다.

▲오른쪽 후방에서 본 포구 청소 막대. 끝에는 커버를 씌웠다. 4개를 연결해서 사용.

▲왼쪽에서 본 기관실 전방. 바로 앞에 도끼가 장착되어 있다.

▲왼쪽에서 본 기관실 후방. 앞쪽에 잭이 보인다. 예비 보기륜 랙은 철봉을 구부려서 만든 단순한 형태.

▲앞쪽에서 본 오른쪽 예비 보기륜. 기관실 우측 패널 네귀퉁이에는 용도를 알 수 없는 브라켓을 용접해놓았다.

◀허브 중심의 주유구 볼트는 제거했다.

▲왼쪽 구동부 전방. 기동륜은 H형부터 채용한 타입. 보기륜과 유동륜은 G형부터 H형 초기의 것을 사용했다.

▲오른쪽 제1 보기륜. 허브 캡이 주조 타입이고, IV호 전차 E형부터 채용했다. 고무 림에는 오스트리아의 타이어 메이커 'SEMPERIT'(셈페릿) 로고가 들어가 있다.

▲오른쪽 측면. 제2 보기륜은 IV호 전차 H형에서 1943년 9월부터 도입한 프레스 제조 허브 캡을 달았다. 서스펜션 암의 범프 스토퍼 기부는 제1 보기륜을 제외하면 전부 주조 제조.

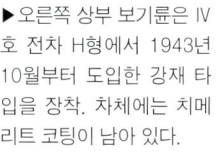 

▶오른쪽 상부 보기륜은 IV호 전차 H형에서 1943년 10월부터 도입한 강재 타입을 장착. 차체에는 치메리트 코팅이 남아 있다.

◀제7, 제9 보기륜의 서스펜션 마운트. 범프 스토퍼는 IV호 전차 H형에서 1943년 9월경에 장착한 타입.

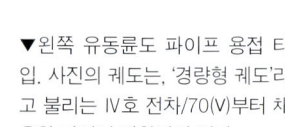

◀오른쪽 유동륜. 파이프 용접 타입을 장착. 궤도는 폭 40cm의 Kgs 61/400/120을 장착했는데, 센터 가이드에 구멍이 있는 것과 없는 것이 섞여 있다.

▼왼쪽 유동륜도 파이프 용접 타입. 사진의 궤도는, '경량형 궤도'라고 불리는 IV호 전차/70(V)부터 채용한 타입이 장착되어 있다.

IV호 구축전차 초기 생산차

1944년 1월부터 양산을 시작한 IV호 전차. 이 책에서는 1944년 5월에 생산한 장갑 두께 60mm 전면 장갑판을 장착한 299량째까지의 차량을 '초기 생산차'로서 해설한다.

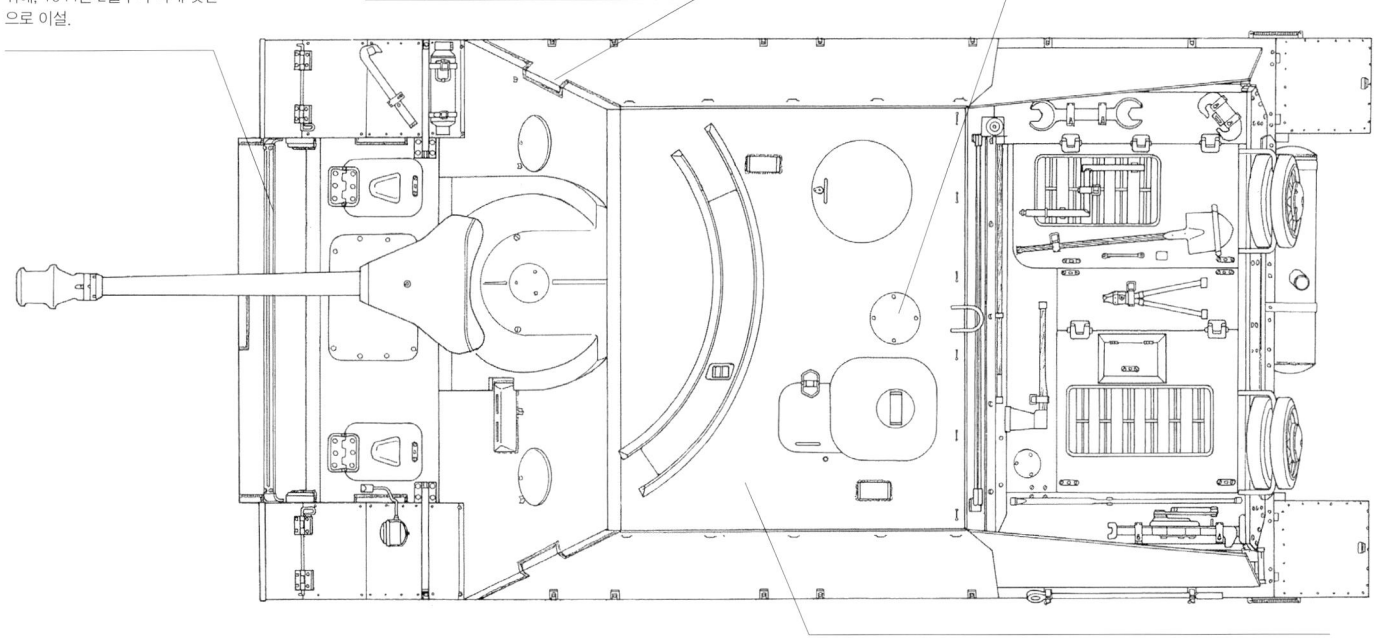

시제차에 있던 전투실 좌측면 피스톨 포는 양산차에서 폐지.

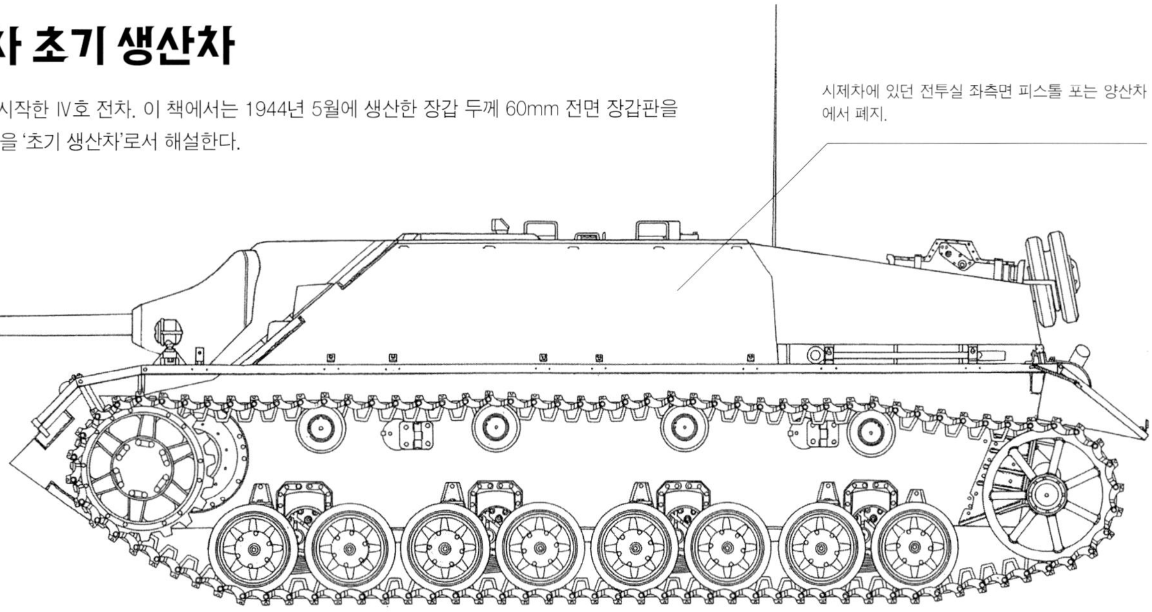

생산 개시 당시에는 포신 끝에 머즐 브레이크를 장비했지만 실전 부대에서는 제거한 경우가 많았고, 1944년 4월에 폐지를 결정.

생산 개시 당시에는 차체 전면 위쪽에 예비 궤도를 탑재할 수 있는 랙을 장비. 차체 전방 경량화를 위해, 1944년 2월부터 차체 뒷면으로 이설.

생산 개시 당시부터 전투실 전면과 측면 장갑판의 용접 이음매를, 둥그스름하게 구부려서 가공한 모양에서 각진 모양으로 변경.

생산 개시 당시부터 전투실 지붕에 '근접 방어 병기'를 장비하는 원형 구멍을 만들었다. 1944년 9월경부터 장비가 공급될 때까지 원형 뚜껑을 장착.

시제차에 있었던 전투실 왼쪽 윗면의 승강식 잠망경은 양산차에서 폐지.

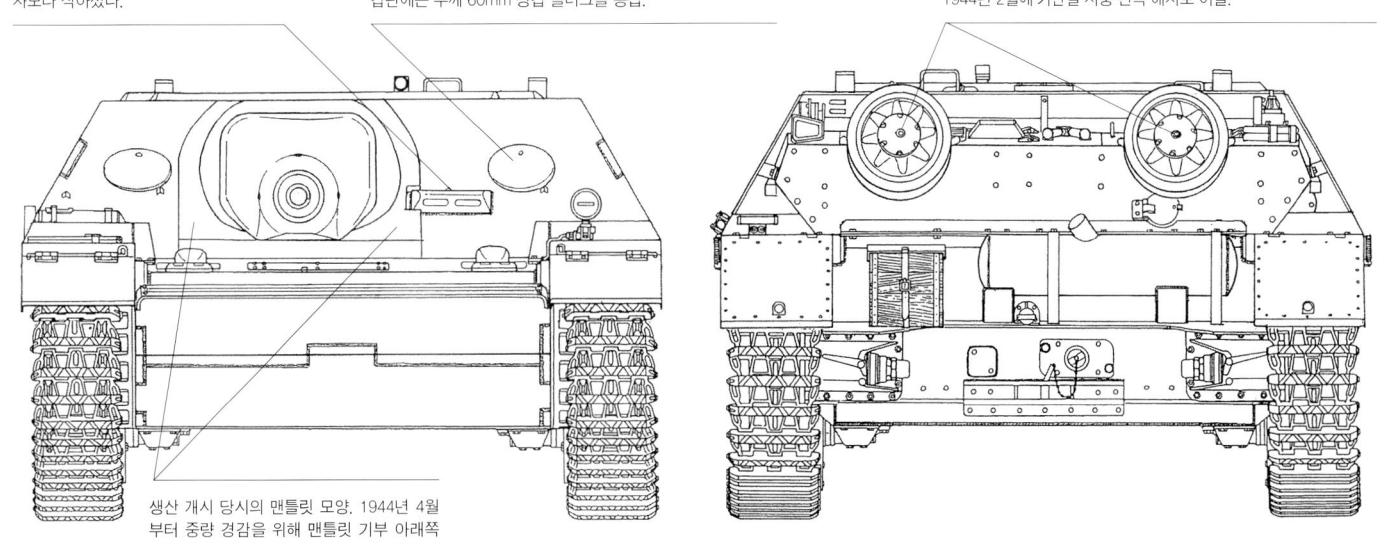

양산차의 조종수 잠망경 장갑 블록은 시제차보다 작아졌다.

생산 개시 당시에는 전투실 전면의 주포 왼쪽에 기관총 포트가 장비되어 있었지만 1944년 3월부터 폐지. 이미 제조된 전면 장갑판에는 두께 60mm 장갑 플러그를 용접.

생산 개시 당시의 예비 보기륜 장착 위치. 예비 궤도를 이설하면서 1944년 2월에 기관실 지붕 왼쪽 해치로 이설.

생산 개시 당시의 맨틀릿 모양. 1944년 4월부터 중량 경감을 위해 맨틀릿 기부 아래쪽 모서리를 비스듬하게 잘라냈다.

◀1944년 6월, 노르망디 상륙작전 당시에 영국군이 노획한 초기 생산차. 이 차량은 차량 번호 '313', 장갑 교도사단 제130 전차 교도대대 제3중대 소속이었다. 머즐 브레이크는 제거했지만, 맨틀릿 아래쪽 모양과 좌우에 기관총 포트가 있는 것을 보면, 1944년 2월 무렵에 생산된 것으로 추정된다.

◀폴란드 포즈난 장갑 병기 박물관에 야외 전시된 초기 생산차이 전투실 앞부분. 1945년 1~2월의 포즈난 전투에서 격파된 차량으로, 같은 지역에서 발굴된 IV호 돌격포의 차체에 탑재해서 전시했다.

▲불가리아 얌볼에 있는 배틀 글로리 박물관에 2008년에 복원한 초기 생산차. 차체 번호는 320220이라고 하며, 맨틀릿 아래쪽 모양, 좌우 기관총 포트의 장갑 플러그를 보면 1944년 4월경에 생산된 차량으로 추정된다.

▲복원해서 야외 전시 중인 얌볼 차량. 복원하면서 다른 차량의 부품을 많이 사용했지만, 궤도는 차체와 함께 보관했던 오리지널이라고 한다.

▶프랑스의 소뮈아 기갑 박물관에 전시된 초기 생산차. 1944년 5월 생산차라고 하지만, 전면 장갑 두께가 여전히 60mm인 것을 보면 후기 생산차로 전환되기 직전의 차량으로 추정된다.

◀복원 전의 얌볼 차량. 불가리아군이 전후까지 운용했던 차량이었지만 반쯤 흙에 묻히고 풀까지 자라난, 거의 폐기 상태로 보관되어 있었다.

▲포즈난 차량 전면 장갑판 왼쪽. 기관총 포트를 장갑으로 막아놓았다. 표면 왼쪽 끝에 치메리트 코팅이 남아 있다.

▲소뮤아 차량의 전투실 전면 오른쪽. 다크 옐로 위에 다크 그린, 레드 브라운, 그레이색으로 위장 처리했다.

▲소뮤아 차량의 전투실 전면 왼쪽. 장갑판 제조 단계에서부터 왼쪽 기관총 포트를 폐지했기 때문에, 장갑 플러그도 장착하지 않았다.

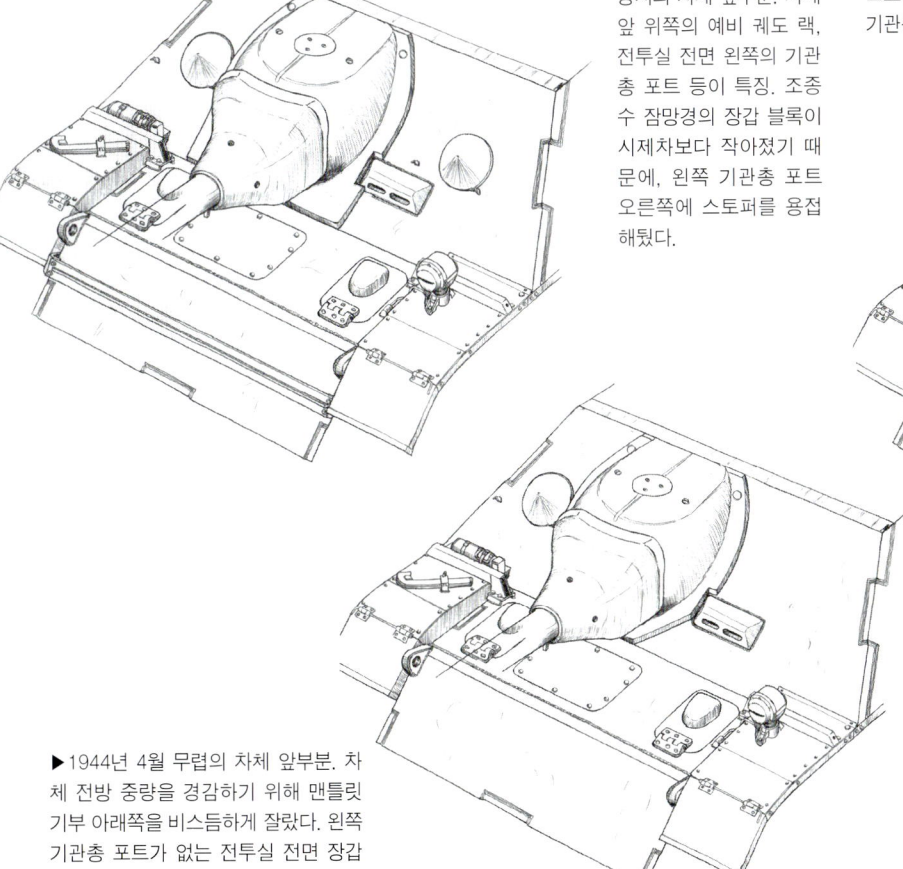

◀1944년 1월 생산 개시 당시의 차체 앞부분. 차체 앞 위쪽의 예비 궤도 랙, 전투실 전면 왼쪽의 기관총 포트 등이 특징. 조종수 잠망경의 장갑 블록이 시제차보다 작아졌기 때문에, 왼쪽 기관총 포트 오른쪽에 스토퍼를 용접해뒀다.

▲1944년 3월 무렵의 차체 앞부분. 전투실 전면 왼쪽 기관총 포트를 폐기하고 플러그를 용접. 차체 앞 위쪽의 예비 궤도 랙도 중량 균형을 개선하기 위해 이설했다.

▶1944년 4월 무렵의 차체 앞부분. 차체 전방 중량을 경감하기 위해 맨틀릿 기부 아래쪽을 비스듬하게 잘랐다. 왼쪽 기관총 포트가 없는 전투실 전면 장갑판이 표준화.

▲암볼 차량의 7.5cm 포. 복원 전 상태에서는 머즐 브레이크가 없었지만(19페이지 참조), 복원하면서 장착했다. 제조 시기로 추정되는 1944년 4월 시점에서 장착했는지 여부는 불명.

▼1944년 4월 무렵의 주포. 머즐 브레이크를 폐지했지만 주포 끝부분에 고정용 나사산은 있는 상태. 전선 부대에서도 많은 차량을 이 상태로 운용했다.

▲포방패와 맨틀릿을 오른쪽에서 본 모습. 방패 옆에는 '245' 양각과 '6671 2' 각인이 보인다. 전방에 포신 고정 볼트 구멍이 있다.

▼맨틀릿 아래쪽. 볼 마운트 방식으로, 방패와의 틈새로 보이는 내부에 볼 모양 포가 있다.

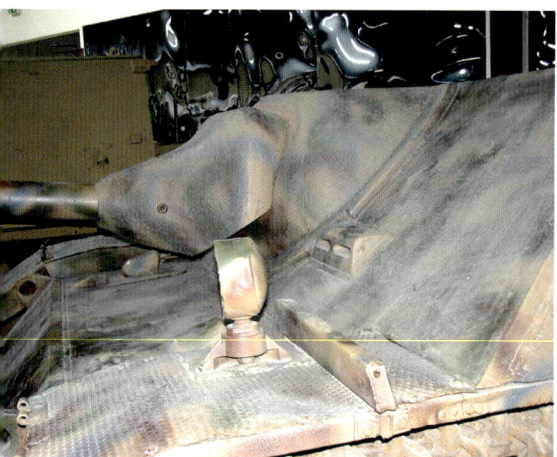

▲소뮤아 차량의 전투실 전면 왼쪽 장갑판은 기관총 포트가 없고, 방어력도 증가했다.

▲전투실 앞면. 맨틀릿 아래쪽이 비스듬하게 잘려 있다.

▲소뮤아 차량의 포방패 오른쪽. '253' 양각, '5897' 각인이 보인다.

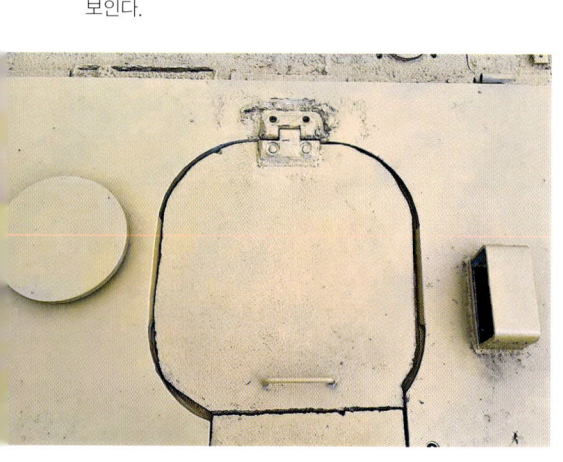

◀암볼 차량의 전투실 지붕 왼쪽, 차장 해치 뒤쪽을 전방에서 본 모습. 해치는 오리지널이 아니고 단순한 경첩을 바깥에 붙여서 개수했다.

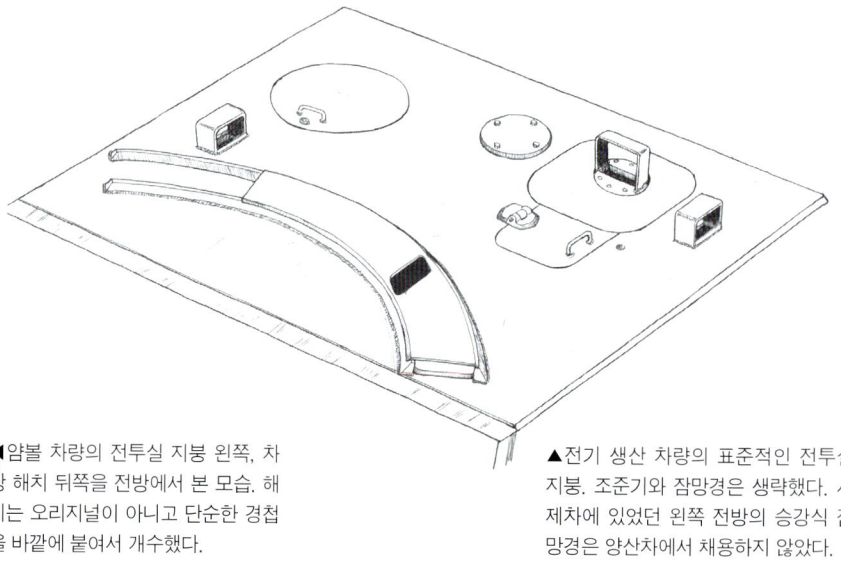

▲전기 생산 차량의 표준적인 전투실 지붕. 조준기와 잠망경은 생략했다. 시제차에 있었던 왼쪽 전방의 승강식 잠망경은 양산차에서 채용하지 않았다.

◀ 얌볼 차량 차체 앞부분. 앞쪽에 있던 예비 궤도를 이설해서 깔끔해졌고, 아래쪽과 측면 장갑판과의 용접 이음매 상태도 잘 확인할 수 있다.

▼ 소뮤아 차량 차체 앞부분. 차체 각 부분 표면에는 치메리트 코팅 흔적이 남아 있다.

▲ 소뮤아 차량 차체 앞부분 오른쪽. 펜더 위에 소화기, 궤도용 공구 등은 장착하지 않았다. 궤도는 접지면이 3분할된 1944년 봄 무렵까지의 타입.

▶ 얌볼 차량 차체 앞부분 왼쪽을 후방에서 본 모습. 전조등은 소켓만 남아 있다. 펜더 안쪽의 받침대는 사라진 펜더 스테이 기부.

▼ 소뮤아 차량 앞부분 왼쪽. 전조등은 바깥쪽 커버와 내부 반사경 등이 사라졌지만, 거의 오리지널 상태.

▲ 소뮤아 차량 브레이크 점검 해치. 브레이크 배기구의 주조 장갑도 용접되어 있다.

▲ 소뮤아 차량 앞부분 오른쪽. 윗면 좌우 브레이크 점검 해치, 중앙의 기어 박스 점검 해치는 IV호 전차와 공통이 아니라 IV호 구축전차에 사용한 소형 해치다.

▲얌볼 차량 차체 좌측. 뒤쪽 기관실 측면 쉬르첸은 장착하지 않았고, 구동부에도 쉬르첸이 없다.

◀차체 좌측 뒤쪽. 기관실 측면 흡배기구는 패널로 막았다.

▶소뮤아 차량의 전투실 우측면. 전면 장갑판과의 이음매 용접 자국이 보인다. 표면은 치메리트 코팅을 벗긴 자국이 남아 있다.

◀차체 우측 뒤쪽. 기관실 측면에 펜더를 약간 틈을 두고서 덮고 있는 쉬르첸. 2개의 펜더 스테이 등에 주의.

▲기관실 우측 후반 부분. 구동부 쉬르첸용 브라켓은 측면 장갑판에 용접한 것만 남아 있다.

▶얌볼 차량 차체 우측. 기관실 우측도 좌측과 마찬가지로 쉬르첸이 없고, 흡배기구도 막혀 있다.

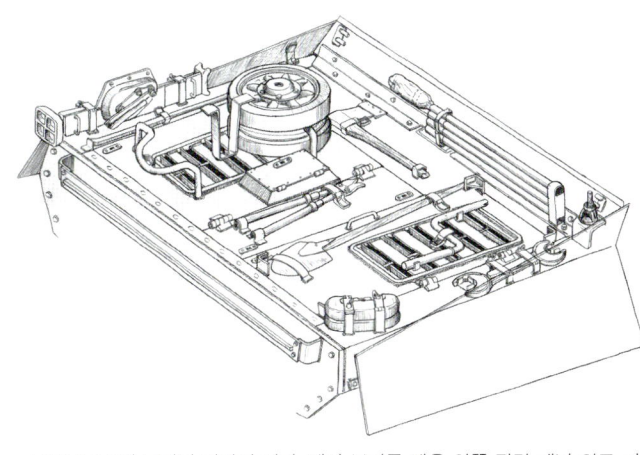

▲얌볼 차량 기관실 윗면을 전방에서 본 모습. 차외 장비품 브라켓은 없어졌지만, 차체 뒷면에서 왼쪽 점검 패널 그릴 위로 이설된 예비 보기륜 랙의 모양은 잘 확인할 수 있다.

▲1944년 2월 무렵의 기관실 윗면. 예비 보기륜 랙을 왼쪽 점검 패널 위로 이설하고, 뒷면에는 차체 앞쪽 상부에 있던 예비 궤도 랙을 이설했다.

◀기관실 뒤쪽 우측 끝에 있는 안테나 포트. 포구 청소 막대 4개 홀더, 예비 안테나 로드 2개용 브라켓도 확인할 수 있다.

◀얌볼 차량 기관실 뒤쪽 우측 끝부분. 전투실에 안테나 기부 받침이 추가됐는데, 불가리아군이 추가한 장비로 추정된다.

▲소뮤아 차량 기관실 윗면을 후방에서 본 모습. 오른쪽 점검 패널이 없이 철판으로 막혔고 차외 장비품도 전부 제거했지만, 나머지 부분은 거의 오리지널 상태로 보인다.

◀소뮤아 차량 기관실 왼쪽 뒷부분을 후방에서 본 모습. 기관실 왼쪽과 쉬르첸 사이에 공간이 있다. 잭과 쇠지레용 브라켓도 남아 있다.

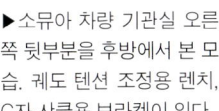

▶소뮤아 차량 기관실 오른쪽 뒷부분을 후방에서 본 모습. 궤도 텐션 조정용 렌치, C자 샤클용 브라켓이 있다.

▲소뮤아 차량 기관실 중앙부를 뒤쪽에서 본 모습. 바로 앞의 둥근 브라켓은 와이어 커터 핸들 고정용. 냉각수 주입구 커버는 IV호 전차 H형과 같은 사다리꼴로 튀어나온 타입.

▲얌볼 차량 기관실 내부에서 본 차체 후방. 엔진 등을 전부 철거한 덕분에 볼트와 용접 등으로 조립한 차체 구조가 잘 보인다.

▲소뮤아 차량 차체 뒷면. 예비 궤도 등이 결손되기는 했지만 거의 오리지널 상태로 보존되어 있다.

▲얌볼 차량 차체 뒷면 윗부분. 오른쪽에 보이는 둥근 해치는 라디에이터 팬 점검구.

▼일반적인 초기 생산차 차체 뒷면. IV호 전차 H형과 같은 원통형 머플러를 장비했다.

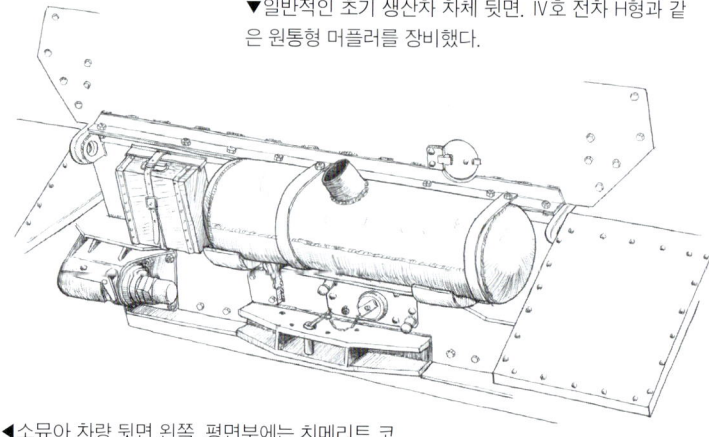

◀소뮤아 차량 뒷면 왼쪽. 평면부에는 치메리트 코팅이 되어 있다. 잭 받침대를 장착하는 부분에는 위쪽에 브라켓을 용접. 유동륜 기부 끝부분은 커버가 없어져서 조정 부분이 노출되어 있다.

▲원통형 머플러는 대미지를 입어서 전체적으로 우묵하게 찌그러져 있다. 머플러 아래 왼쪽의 냉각수 배수구는 끝부분의 캡이 없어졌다.

▶뒷면 왼쪽. 왼쪽 펜더 위에는 후미등, 플립 방식 흙받이에는 둥근 반사판이 있어야 하는데, 복원되지 않았다.

▲소뮤아 차량 하부 중앙의 견인 홀더. 관성 시동장치의 둥근 삽입구가 용접으로 고정되어 있는데, 오리지널인지 복원된 것인지는 불명.

▲왼쪽 유동륜 기부는 표준적인 타입을 장착. 차체 아래쪽은 위로 꺾여 올라가는 부분이 폐지되었다.

▲차체 오른쪽 구동부 뒤쪽. 궤도는 센터 가이드의 옆 구멍이 폐지된 타입을 장착.

◀오른쪽 유동륜. 파이프 용접 타입을 장착.

▲오른쪽 유동륜 기부. 왼쪽과 다르게 조정부 커버가 남아 있다.

▼왼쪽 유동륜을 안쪽에서 본 모습. 스포크 부분은 안팎의 2개 사이에 판을 용접해서 보강했다.

▲얌볼 차량 우측 유동륜 기부. 브라켓을 차체에 고정하는 리벳이 없어졌다.

▲소뮤아 차량 좌측 기동륜. 바깥쪽 궤도에 물리는 톱니 부분은 장착되지 않았다.

▲얌볼 차량 좌측 기동륜. 기동륜 허브 부분 고정 볼트 2개마다 금속판이 끼워져 있다.

◀소뮤아 차량 왼쪽 제1 보기륜은 강재 보기륜을 장착. 허브 캡이 사라져서 내부의 볼 베어링이 보인다. 강재 보기륜은 생산 후기인 1944년 9월부터 도입됐다.

◀왼쪽 측면. 위쪽 보기륜은 강재. 제1 보기륜도 강재 보기륜, 제2 보기륜부터는 고무 림이 달린 보기륜을 장착했다.

◀소뮤아 차량 차체 좌측면. 측면에는 치메리트 코팅을 시공.

▲얌볼 차량 제1, 제2 보기륜 서스펜션 보기. 범프 스토퍼는 IV호 전차 H형에 1943년 9월 무렵까지 장착됐던 주조 타입.

▶얌볼 차량 강재 위쪽 보기륜. 중심의 주유구 볼트가 사라졌다.

▲소뮤아 차량의 강재 보기륜. 대미지를 입어서 약간 변형됐다. 범프 스토퍼는 IV호 전차 H형에 1943년 9월 무렵부터 도입된 용접 조립 타입을 장착했다.

IV호 구축전차 후기 생산차

1944년 5월에 생산한 300번째 차량부터 1944년 11월의 생산 종료까지의 약 470량의 차량을, 이 책에서는 '후기 생산차'로서 해설한다.

1944년 9월, 빗물 유입 대책을 위해 전투실 전후좌우 측면에 빗물 막이 캔버스 커버를 장착하기 위한 고리를 증설.

예비 보기륜 2개는 1944년 2월에 기관실 윗면 좌측 해치로 이설 완료.

주포 끝의 머즐 브레이크는 1944년 4월에 폐지.

생산 당시에는 전부 고무 림 보기륜. 1944년 9월부터 앞쪽 중량 증가에 대응하기 위해 제1, 제2 보기륜을 강재 보기륜으로 전환.

생산 개시 당시에는 위쪽 보기륜이 한쪽에 4개. 1944년 10월부터 한쪽에 3개로 감소.

1944년 5월에 생산한 300번째 차량부터 차체 앞쪽 윗부분과 전투실 전면 장갑판을 80mm로 강화.

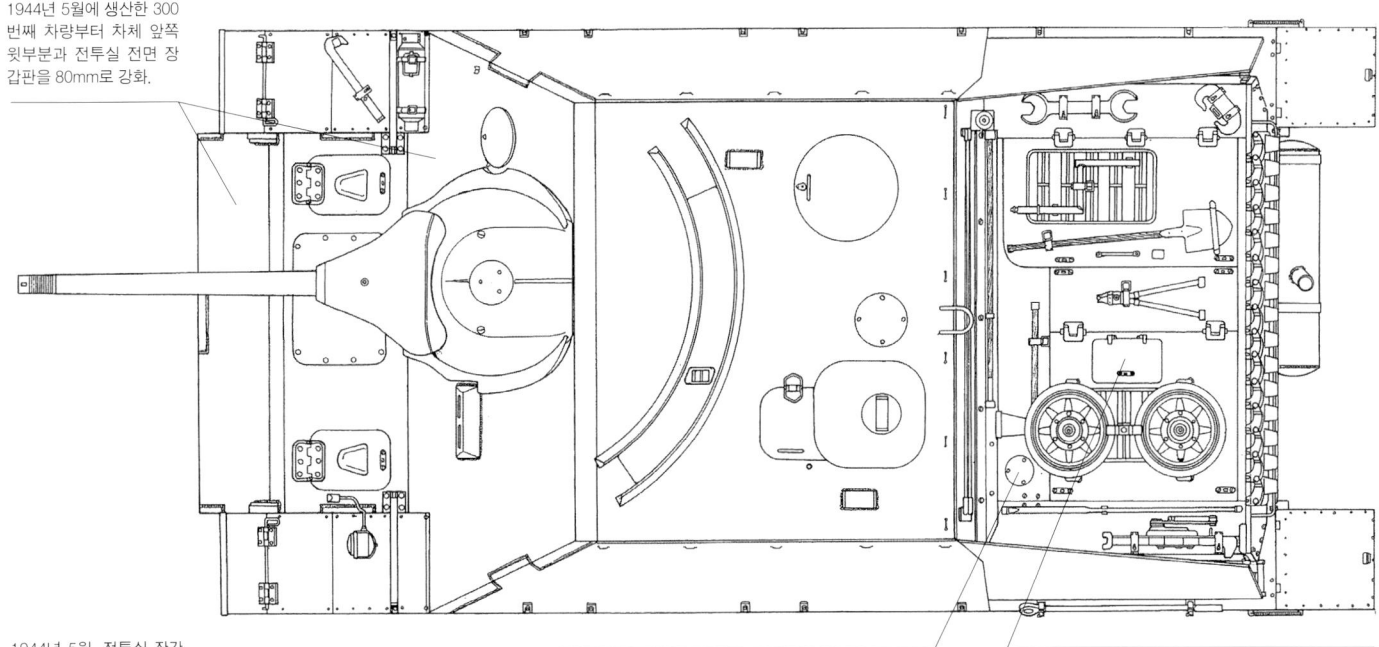

1944년 5월, 전투실 장갑 두께를 강화하면서 오른쪽 기관총 포트 장갑 커버를 대형화.

1944년 5월, 커진 기관총 포트 장갑 커버와의 간섭을 피하기 위해 맨틀릿 오른쪽을 잘라냈다.

지휘 전차형의 추가 무전 안테나 장착용 구멍을 가리기 위한 뚜껑. 시제차 때부터 장비했다.

1944년 6월, 기관실 윗면의 냉각수 주입구 커버를 IV호 전차 J형과 같은 상자 모양으로 변경.

1944년 9월 10일부터 치메리트 코팅의 공장 도포를 폐지.

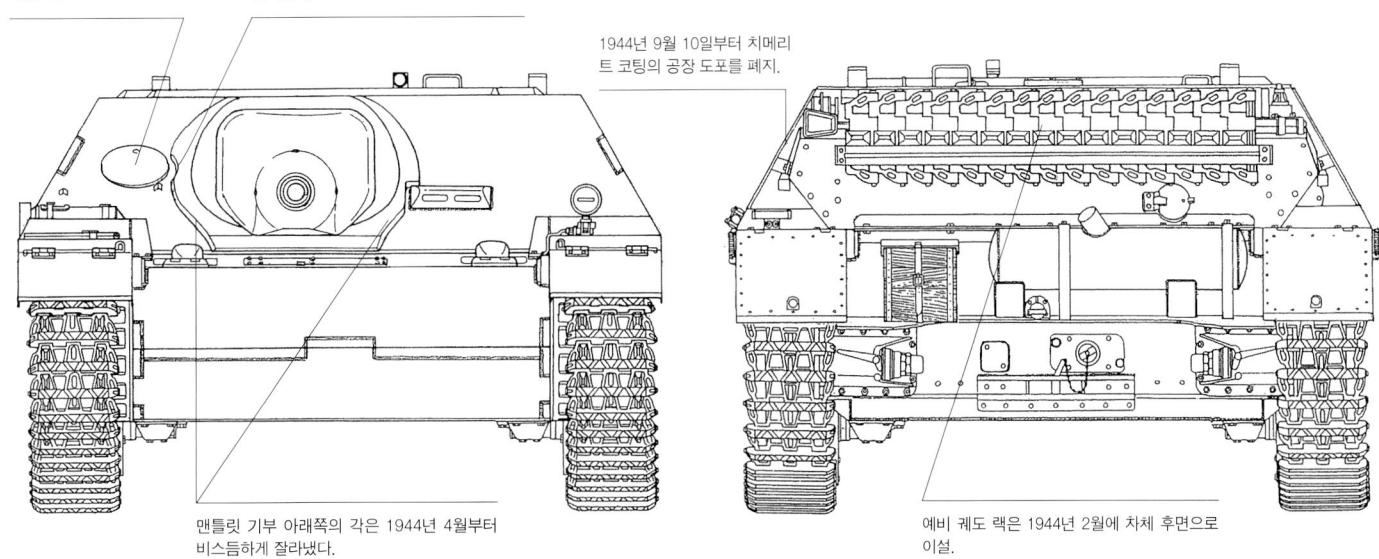

맨틀릿 기부 아래쪽의 각은 1944년 4월부터 비스듬하게 잘라냈다.

예비 궤도 랙은 1944년 2월에 차체 후면으로 이설.

▲2차대전 말기, 파리 근교에서 격파되고 방치된 후기 생산차. 제12 SS 장갑 사단 '히틀러 유겐트' 제12 SS 전차 구축대대 소속 차량이라고 전해진다. 펜더 앞쪽 끝의 흙받이와 차체 앞쪽 측면에도 치메리트 코팅 처리된 것에 주의

▲왼쪽 궤도에 피탄 흔적이 보인다. 차체 전체에 치메리트 코팅이 처리돼 있다. 포구의 머즐 브레이크는 철거. 맨틀릿 오른쪽 끝은 기관총 포트 커버와의 간섭을 피하기 위해 우묵하게 잘라냈다. 위와 같은 내용을 보면 1944년 9월 이전에 제조된 차량으로 추정된다.

▲보기륜은 전부 고무 림이 달린 것을 장착. 차체 측면 펜더 부분에 8곳(1곳은 결손)의 쉬르첸 장착부가 설치. 쉬르첸 장착부가 결손된 부근의 위쪽 보기륜도 없는데, 이 부분도 피탄 당한 것으로 여겨진다.

▲독일 문스터 전차박물관의 후기 생산차. 이 차량은 미군에 접수되어 에버딘 전차박물관에서 보관했었는데, 1960년대 초기에 독일로 반환한 것이다.

◀문스터 차량을 왼쪽 후방에서 본 모습. 문스터 전차박물관에서 복원하며 차체의 쉬르첸도 재현했지만, 자세히 보면 오리지널을 충실하게 재현했다고 할 수 없는 부분도 있다.

◀스위스 툰 전차박물관에 야외 전시된 후기 생산차. 전투실의 제조 번호를 통해 1944년 6월 무렵 생산된 차량으로 추정.

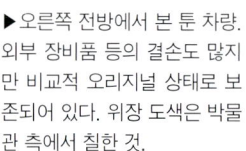

▶오른쪽 전방에서 본 툰 차량. 외부 장비품 등의 결손도 많지만 비교적 오리지널 상태로 보존되어 있다. 위장 도색은 박물관 측에서 칠한 것.

▲문스터 차량 차체 전방. 치메리트 코팅이 되어 있고, 포신 끝에 머즐 브레이크가 장착된 상태로 복원했다.

▲왼쪽에서 본 문스터 차량의 포방패와 맨틀릿. 맨틀릿 윗면은 전투실 지붕과 단차가 없는 하나의 면으로 되어 있다.

▲툰 차량의 포방패와 맨틀릿을 오른쪽에서 본 모습. 포방패의 숫자는 '117'. 전면 장갑을 80mm로 강화한 결과, 전투실 전면 장갑판과 차체 앞쪽 윗면과의 사이에 단차가 생긴 점에 주의.

▲끝에 머즐 브레이크를 장착한 7.5cm 포. 머즐 브레이크는 IV호 전차 G형 후기부터 H형 초기에서 볼 수 있는 모서리가 둥근 타입인데, 오리지널 부품인지는 불명.

▲위에서 본 7.5cm 포. 포방패 윗면에도 포신 조정 볼트 구멍이 있다.

▶포방패와 맨틀릿 좌측면. 맨틀릿 아래쪽 잘라낸 부분이 직선이 아니라 완만한 곡선이다.

▶포방패와 맨틀릿 우측면. 포방패 아래쪽과 맨틀릿 사이에 큰 틈새가 있다. 기관총 포트 장갑 커버는 약간 들뜬 상태가 되어버렸다.

◀전투실 전면 왼쪽. 조종수 잠망경 장갑 블록은 시제차보다 작은 모양이 됐다 (10페이지 참조).

▲문스터 차량 차체 앞부분 왼쪽. 전조등은 소켓만 남아 있다. 치메리트 코팅 처리된 탓에 전면 장갑판의 단차를 알아보기 힘들다.

◀툰 차량 전투실 앞면 왼쪽. 치메리트 코팅이 없어서 주조 부품의 표면 상태와 전면 장갑판의 단차 등이 잘 보인다.

◀툰 차량 전면 중앙부. 맨틀릿의 윤곽에 주의. 주포는 왼쪽으로 치우쳤고, 그 아래의 기어 박스 점검 패널도 오른쪽으로 쏠려 있다.

▼포방패와 맨틀릿 오른쪽. 치메리트 코팅 때문에 알기 힘들지만, 포방패 측면의 숫자는 '19'로 보인다.

▶문스타 차량 전투실 전면 오른쪽. 기관총 포트 장갑 커버는 전면 장갑판 강화와 함께 커졌고, 맨틀릿도 간섭을 피하기 위해서 잘라냈다.

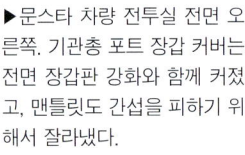

▶포방패를 아래에서 올려다본 모습. 부각을 얻기 위해 포방패 밑면은 차체와 간섭하지 않도록 평면이며, 포신 조정용 볼트 구멍도 보인다.

▲툰 차량 전투실 전면 오른쪽. 기관총 포트 장갑 커버 좌우에 용접된 산 모양 스토퍼가 잘 보인다.

▲문스터 차량의 머즐 브레이크. 이 차량도 툰 차량과 마찬가지로 둥그스름한 형태의 타입을 장착했다.

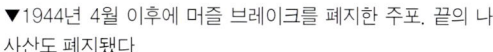
▼1944년 4월 이후에 머즐 브레이크를 폐지한 주포. 끝의 나사산도 폐지됐다.

◀왼쪽에서 본 툰 차량의 7.5cm 포신. 포신의 앙각은 +15도, 부각은 -8도.

▲머즐 브레이크를 후방에서 본 모습. 포구 내부의 링을 확인할 수 있다.

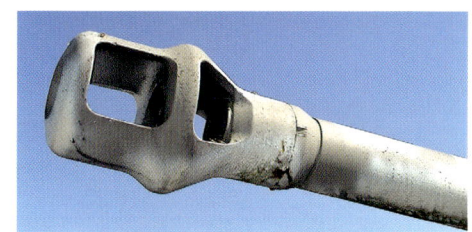
◀둥그스름한 모양의 머즐 브레이크.

▼툰 차량의 전투실 지붕을 후방에서 본 모습. 전방에 Sfl.1a 조준기의 반원형 장갑 가드, 왼쪽에 차장 해치와 잠망경 2기, 중앙에 근접 방어 병기, 오른쪽에 탄약수 해치와 잠망경이 배치되어 있다.

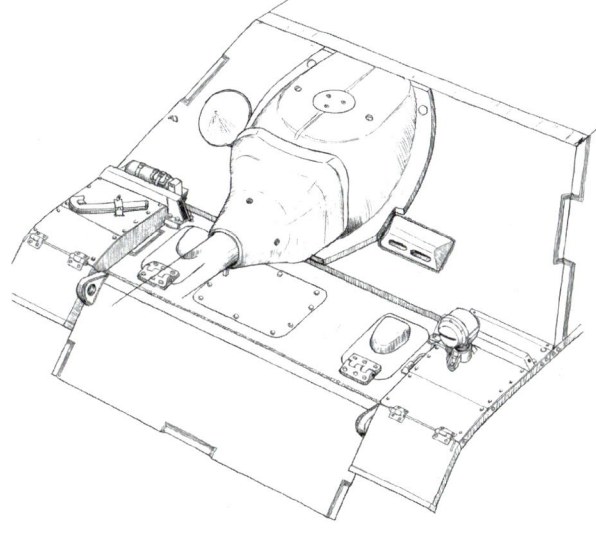
▲1944년 5월 이후의 일반적인 차체 앞부분. 차체 앞부분 위쪽과 전투실 측면의 장갑판을 80mm로 강화한 결과 맨틀릿 모양, 기관총 포트 장갑 커버도 변화가 발생했다.

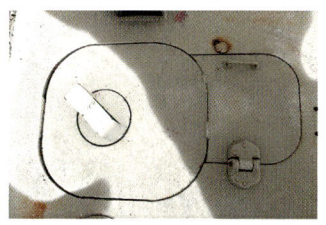
◀오른쪽에서 본 차장용 해치. 전방은 '게눈 안경'이라고 불리는 Sf.14Z 쌍안식 포대경용 해치, 후방은 선회식 잠망경을 갖춘 해치다.

◀왼쪽에서 본 탄약수 해치. 전방에 열쇠 구멍과 손잡이가 달려 있다. 해치 뒤쪽 테두리는 개폐할 때 지붕과 간섭하지 않도록 절삭 가공 처리되어 있다.

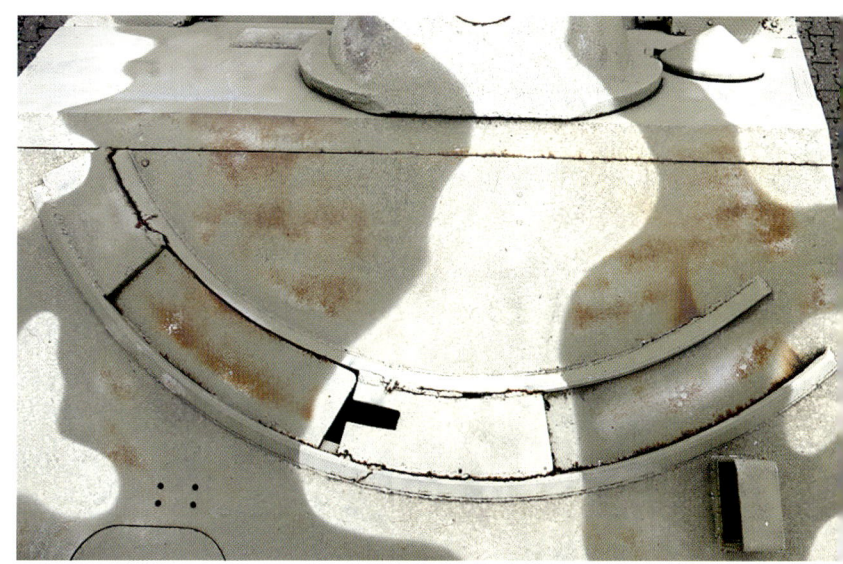
▲포수용 조준기 장갑 커버. 반원형 가이드에 맞춰, 포신 좌우의 움직임에 맞춰서 장갑 커버도 틈새를 메우는 것처럼 이동한다. 포신은 오른쪽 15도, 왼쪽 12도까지 선회 가능.

▲툰 차량 차체 앞부분 윗면. 앞면의 장갑 두께가 80mm로 강화된 것 외에는 변경이 없다. 펜더 스테이는 양쪽 모두 없어지고 차체 측면의 브라켓만 남아 있는 상태.

▲문스터 차량의 차체 앞부분. 예비 궤도가 14개 탑재되어 있다. 원래 앞쪽 윗부분의 예비 궤도 랙은 1944년 2월 이후에 뒤쪽으로 이설되었지만, 복원하면서 실수로 장비한 것으로 추정된다.

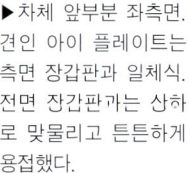

▶차체 앞부분 좌측면. 견인 아이 플레이트는 측면 장갑판과 일체식. 전면 장갑판과는 상하로 맞물리고 튼튼하게 용접했다.

▲왼쪽 전방에서 본 차체 앞부분. 두께가 80mm로 늘어난 위쪽 장갑판은 절단면이 약간 거칠다. 견인 아이 플레이트는 안쪽에 강판을 용접해서 두께 30mm인 측면 장갑판보다 두껍게 만들었다.

▲왼쪽 브레이크 점검 해치.

▲왼쪽 펜더 앞쪽 끝. 전조등 소켓은 달려 있지만 배선부는 없어졌다.

◀문스터 차량 오른쪽 펜더 앞쪽 끝. 미끄럼 방지판 부분은 원래 궤도용 공구 장착 브라켓이 있어야 하지만 복원하면서 생략했다.

◀툰 차량의 차체 왼쪽. 보기륜은 전부 고무 림이고, 위쪽 보기륜은 강재.

▼후방에서 본 차체 왼쪽. 기관실 측면 쉬르첸은 있지만 차체 쉬르첸은 없고, 쉬르첸 걸이용 브라켓만 남아 있다.

▲문스터 차량 차체 왼쪽면. 차체 쉬르첸이 완비되어 있다. 전투실 측면에는 차량 번호 '212', 기관실 측면 쉬르첸에는 철십자가 그려져 있다.

◀차체 왼쪽 기관실 부근을 뒤쪽에서 본 모습. 통기용 공간이 있는 펜더와 기관실 쉬르첸 측면의 틈새를 차체 쉬르첸으로 커버하고 있다는 걸 알 수 있다.

▶기관실 왼쪽 쉬르첸 안쪽을 후방에서 본 모습. 펜더 위쪽의 굵은 스테이 끝에 쉬르첸 걸이가 달려 있다. 차체 쉬르첸은 원래 제거가 가능하지만 고정식으로 복원했다.

▲전방에서 본 왼쪽. 쉬르첸 걸이의 구조와 차체 쉬르첸과의 접합 등, 원래 사양과 다르게 복원됐다.

◀툰 차량 차체 오른쪽. 왼쪽과 마찬가지로 보기륜이 전부 고무 림이고, 위쪽 보기륜은 강재.

▼후방에서 본 차체 오른쪽. 뒷면 위쪽에 예비 궤도 랙이 있다.

▲전투실 오른쪽면. 윗면에 잠망경을 제거하고 보호 프레임만 남은 탄약 수용 잠망경 커버가 보인다.

▶오른쪽 약간 위쪽에서 본 툰 전차. 차체 쉬르첸과 세세한 차외 장비품을 제외하면 거의 완전한 상태.

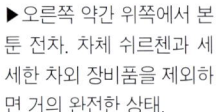

▼문스터 차량 차체 왼쪽 뒷부분. 기관실 쉬르첸에도 치메리트 코팅이 들어가 있다.

▶툰 차량 차체 오른쪽 뒷부분. 펜더 스테이 2곳과 쉬르첸 걸이가 없어졌지만, 이 부분에는 그것 외에 다른 장비는 장착하지 않았다.

▲왼쪽에서 본 머플러. 배기열에 의해 노화하고 파손되기 쉬운 부분이기에, 복원하면서 새로 만든 부품으로 추정.

▲문스터 차량 차체 뒷면. 궤도 15개가 세트된 후부 예비 궤도 랙은 원래 사양. 원통형 머플러, 중앙 아래쪽의 견인 홀더 등은 초기 생산차와 같다.

▲차체 뒷면 아래쪽 우측. 유동륜 기부에 L자형 조정 레버가 달려 있다. 차체 밑면은 꺾여 올라온 부분이 없는 단순한 형태.

▲뒷면 위쪽 예비 궤도 랙. 이 차량에는 차체 앞쪽 윗부분에도 예비 궤도 랙이 달려 있어서 설정 시기에 모순이 발생했다.

◀중앙 아래쪽. 견인 홀더는 다수의 볼트로 고정했다. 관성 시동장치용 해치는 치메리트 코팅으로 메워버렸다.

◀머플러를 왼쪽에서 본 모습. 위쪽 배기구는 막혀 있다.

▲툰 차량 차체 뒷면. 펜더 끝부분의 가동 부분 등은 없어졌지만 원통형 머플러, 예비 궤도 랙 등의 특징은 잘 남아 있다.

◀머플러가 오리지널인지 여부는 불명. 일단 아래쪽에 보수용 철판을 붙여놓은 것 같다.

▲기관실 왼쪽 후방. 펜더 윗면의 브라켓은 후미등 장착용.

▶머플러는 좌우 2개의 벨트 모양 금속 띠로 고정. 중앙 아래쪽 관성 시동장치용 구멍이 뚫려 있다.

▼뒷부분 오른쪽. 궤도는 양쪽 모두 접지면이 3분할된 1944년 봄 무렵의 타입을 장착.

▲오른쪽 유동륜 기부. 조정용 커버가 벗겨져서 유동륜 조정 샤프트가 노출되어 있다.

▲문스터 차량 기관실 윗면. 냉각수 주입구 커버는 IV호 전차 J형에는 1944년 5월부터 도입된 단순한 상자형 타입을 장착. 차외 장비품 브라켓이 많이 없어졌다.

▼기관실 윗면을 왼쪽에서 본 모습. 전방 왼쪽 끝에 보이는 원통형 구조물은 지휘관 차량용 안테나 포트를 보호하는 장갑 커버.

▲지휘관 차량용 안테나 포트 장갑 커버 확대. 통상 차량에서는 원통형 뚜껑으로 막혀 있다.

▲오른쪽 뒤쪽에서 본 기관실 윗면. 원래는 각진 모양인 오른쪽 점검 패널 손잡이가 둥글게 변형됐다.

▼왼쪽 후방에서 본 기관실 윗면. 냉각수 주입구 커버는 기존 사다리꼴 타입을 장착.

▲툰 차량 기관실 윗면을 전방에서 본 모습. 차외 장비품 브라켓이 대부분 남아 있는 상태. 오른쪽 전방의 추가 안테나 장착부 뚜껑에 주의.

▲문스터 차량 우측 기동륜. 보통은 허브 캡을 너트로 고정하는데, 이 차량은 볼트로 고정했다.

▲문스터 차량 우측 유동륜. 파이프 용접 타입을 장착. 궤도 센터 가이드는 구멍이 뚫린 타입.

▼툰 차량 오른쪽 기동륜. 기동륜 허브 캡을 홈이 있는 너트(캐슬 너트)로 고정하는 것이 일반적인 사양.

▲문스터 차량 왼쪽 보기륜. 8개가 전부 고무 림이 달렸다. 허브 캡은 IV호 전차 H형에서 1943년 9월부터 도입한 프레스제. 쉬르첸이 차체 측면을 덮고 있어서 방어 효과가 좋아 보인다.

▲오른쪽 구동부. 궤도 센터 가이드는 구멍이 뚫린 타입.

▲툰 차량 왼쪽 기동륜 부근. 보기륜은 고무 림 달린 타입. 프레스제 허브 캡 타입을 장착.

▲툰 차량 왼쪽 구동부를 후방에서 본 모습.

▲파이프 용접 타입 왼쪽 유동륜.

◀왼쪽 뒷부분의 제7, 8 보기륜 부근. 원형 해치는 연료 주입구 커버. 왼쪽에만 앞뒤 2곳에 설치되어 있다.

▲왼쪽 제2 위쪽 보기륜. 전부 강재지만 테두리를 까맣게 칠해서 얼핏 보면 고무 림 타입처럼 보인다.

▶후방에서 본 차체 밑면. 엔진 관련 서비스 해치가 있다. IV호 전차에 존재했던 바닥면 탈출 해치는 폐지됐다.

▲보기륜 서스펜션 보기 기부. 범프 스토퍼는 전부 용접 조립한 타입을 장착.

◀툰 차량 차체 밑면을 전방에서 본 모습. 후방으로 튀어나온 좌우 서스펜션 커버, 각 부분의 서비스 해치를 확인할 수 있다.

3장 IV호 전차/70(V)
Panzer IV/70(V) (Sd.Kfz.162)

IV호 구축전차는 1944년 여름부터 염원의 7.5cm Pak 42 L/70포로 환장해서 판터와 같은 최고의 파괴력을 손에 넣었다. 명칭도 IV호 전차 J형을 대체한다는 기대를 담아 'IV호 구축전차'에서 'IV호 전차/70(V)'로 변경되었다.

해설/타케우치 키쿠오
도면/엔도 케이

Description : Kikuo Takeuchi
Photos : Przemyslaw Skulski, Mochizuki Ryuichi, George Papadimitriou, Jaroslaw Garlicki, Photonik, Dmitry Kiyatkin, Pierre-Olivier Buan, Ivan Grishin, Vitaliy V. Kuzmin, Konstantin Popov, Tomasz Szulc, Balcer, Harald A. Skaarup, Articseahorse, AAAM, Army Armor & Cavalry Collection Fort Benning, Bundesarchive, IWM, NARA, Patriot Park, O. Knoll/Museum Vysociny Trebic, RGAKFD, Stratus Publishing
Drawings : Kei Endo

【IV호 전차/70(V) 성능 제원】
전장 : 8,500m
전폭 : 3,200m
전고 : 2,000m
최저 지상고 : 0.400m
중량 : 25.5톤
승무원 : 4명 (차장, 포수, 탄약수, 조종수)
무장 : 7.5cm Pak 42 L/70
　　　 탄약 55~60발
　　　 7.92mm MG 42 1정
엔진 : 마이바흐 HL 120 TRM
　　　 V형 12기통 수냉 가솔린 엔진
최대 출력 : 265마력
트랜스미션 : ZF S.S.G.76
　　　　　 전진 6단, 후진 1단
최고 속도 : 35km/h (도로)
평균 속도 : 도로 25km/h, 야지 15~18km/h
연료 탱크 용량 : 470리터
항속거리 : 도로 210km, 야지 130km
차체 장갑 두께 : 80~10mm
전투실 장갑 두께 : 80~20mm

▲IV호 전차/70(V)는 IV호 구축전차의 주포를 판터 전차와 동등한 70구경 7.5cm 포로 강화한 타입으로, 1944년 8월부터 IV호 구축전차와 병행해서 생산이 시작됐다.

IV호 전차/70(V)의 생산과 개수

IV호 전차/70(V)(Sd.Kfz.162)는 포마그에서 1944년 8월부터 생산을 시작했고, 세 번에 걸친 연합군의 공습에 의한 피해로 생산을 종료할 수밖에 없게 돼버린 1945년 3월 말까지 930량을 생산했다. 명칭도 처음에는 'IV호 전차 랑(V)', 1944년 11월부터는 'IV호 전차/70(V)'라고 불렸고, 'IV호 구축전차 랑(V)'은 거의 사용하지 않았다. 그리고 'V'는 제조를 담당한 포마그 사를 의미한다.

8월부터 생산된 차량은 주포를 제외하면 IV호 구축전차와 거의 같은 사양이었지만, IV호 전차에 비해 두꺼운 전면 장갑과 무거운 주포 때문에 차체 앞부분이 무거워지면서 기동성과 내구성 저하로 이어진 것은 IV호 구축전차에서 이미 지적받았던 일이다. 중량 밸런스 개선을 위해 서스펜션 개량 설계, 전면 장갑판 두께를 60mm로 줄이는 등의 계획이 있었지만, 1944년 9월에 유일한 대책으로 '강재 보기륜'(고무절약형 강재 림 보기륜)과 '경량형 궤도'를 도입. 앞부분 중량을 지탱하는 전방의 제1 보기륜과 제2 보기륜을 양쪽 모두 강재 보기륜으로 환장했고, 동시에 궤도를 경량형 궤도라고 부르는 신형으로 환장했다. 또한, 9월 10일의 치메리트 코팅 폐지 통지에 따라 공장에서의 도포가 종료됐다.

1944년 10월, IV호 구축전차와 마찬가지로 구동부 위쪽 보기륜이 4개에서 3개로 감소했다.

1944년 11월, 이미 8월 말부터 IV호 전차 J형에서 도입이 시작된 통 모양 소염형 배기관 머플러 도입이 개시됐다. 그리고 기관실 측면에 쉬르첸 강판을 장착하면서 기관실 측면의 냉각기 흡배기구 플랩 개폐 조작이 힘들어졌기 때문에, 체인과 스프링을 이용한 개폐기구가 추가됐다. 또한 11월 무렵부터 전투실 지붕에 Sf. 14Z 쌍안식 포대경 (게눈 안경), EM 0.9mR 쌍안식

주포를 48구경 7.5cm 39L/48 포에서 70구경 7.5cm Pak 42 L/70포로 환장.

위쪽에는 IV호 구축전차에 이어서 강재 보기륜을 4개 장착.

▲장포신화로 공격력이 강화된 IV호 전차/70(V)는 가장 중요한 차량으로 우선 생산해서, 4호 구축전차보다 짧은 기간에 합계 930량을 제조했다.

거리계 장착이 시작됐다.

1944년 12월에는 전투실 지붕 우측의 탄약수 해치와 왼쪽의 차장 해치 테두리에 빗물받이를 추가했고 조준기에도 장갑 가드를 추가했다. 차체 뒤쪽에는 신형 대형 견인구를 장착.

1945년 3월부터 전투실 윗면에 '필츠(Pilz)'를 5개 설치했다. 이것은 엔진이나 장갑판 제거에 사용하는 간이 크레인용 받침대인데, 차량에 따라서는 장착하지 않은 개체도 확인됐다. 유동륜은 파이프 용접 타입이 부족해지면서 주조 타입 유동륜을 장착한 차량도 찾아볼 수 있다. 그리고 차체 앞쪽 윗부분의 브레이크 흡기구 커버를 폐지하고 손잡이를 용접했다. 이 브레이크 흡기구는 IV호 구축전차 생산 개시 때부터 폐열을 엔진 냉각기와 함께 배출하는 덕트를 설치했기 때문에 불필요했는데, 완전 폐지가 이제까지 미뤄졌던 것이었다.

7.5cm Pak 42 L/70포를 탑재하며 재설계해서, 맨틀릿 오른쪽의 잘라낸 부분이 없어졌다.

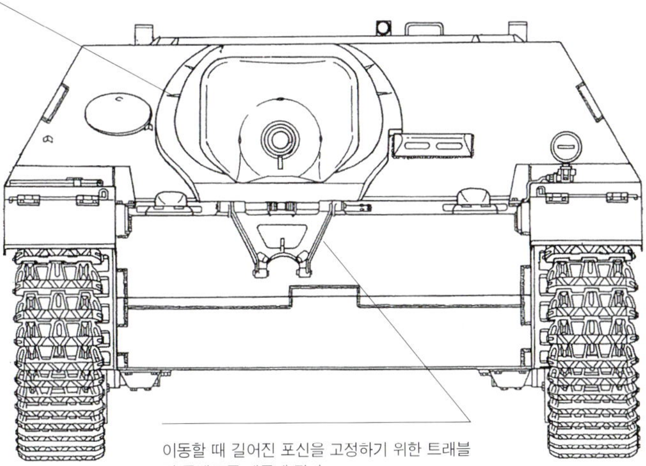

IV호 구축전차에 이어서 원통형 머플러를 장착.

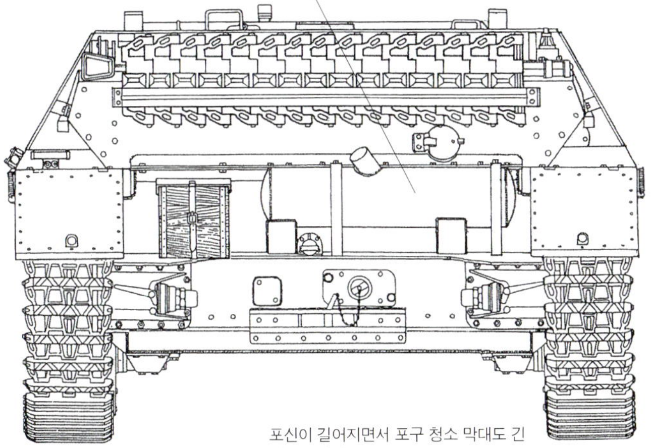

이동할 때 길어진 포신을 고정하기 위한 트래블링 클램프를 새롭게 장비.

포신이 길어지면서 포구 청소 막대도 긴 것으로 변경.

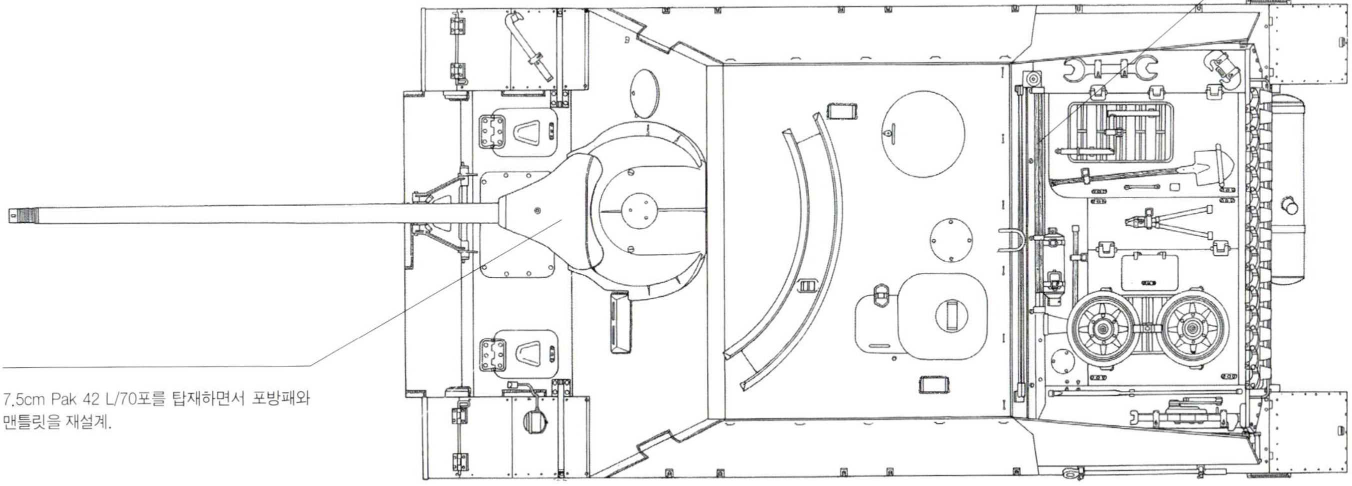

7.5cm Pak 42 L/70포를 탑재하면서 포방패와 맨틀릿을 재설계.

IV호 전차/70(V) 초기 생산차

IV호 전차/70(V)는 생산 중에 끊임없이 사양이 변경되었는데, 이 책에서는 치메리트 코팅을 도포한 1944년 9월 무렵의 차량을 편의상 '초기 생산차'로서 해설한다.

▼불가리아 소피아에 있는 국립 군사박물관이 소장한 초기 생산차. 차체 번호는 320662. 1944년 8월경에 제조된 차량으로 추정된다.

▲1945년 초에 소련군이 노획했고 점령한 이후에 불가리아군에 공여. 1947년에 운용을 종료한 뒤에 박물관으로 이관. 방치 상태였지만 2004년에 복원했다.

▶불가리아군에서는 전쟁 당시부터 전후까지 4량이 국경 경비에 배치됐고 '마이바흐 T-4 돌격포'라고 불렀다. 그리고 불가리아군에서는 IV호 전차 J형 등도 '마이바흐 T-4 전차'라는 이름으로 사용했다.

▲미국 애버딘 전차박물관에 야외 전시됐던 초기 생산차. 차체 번호는 320864. 1944년 10월 생산차로 추정.

◀이 차량을 포함한 애버딘 전차박물관 전시 차량 일부는, 기지 재편에 따라 2009년 이후에는 미국 육군 군사 역사 센터 보관시설로 이관됐고, 지금은 일반 공개를 하지 않는다. IV호 전차/70(V) 후방에는 일본의 95식 경전차, 1식 포전차가 보인다.

◀애버딘 차량은 열화가 심하고 차외 장비품 등의 결손도 많지만, 기본 부분은 오리지널 상태를 유지하고 있다.

▶오스트레일리아 케언즈에 있는 오스트레일리아 육상 병기 박물관(AAAM)에서 주행 가능한 상태로 소장한 차량. 2021년 8월부터 공개했다.

◀AAAM 차량은 오리지널 부품을 바탕으로 다양한 차량의 부품을 유용하고 리빌드하기도 했지만, 초기 생산차의 사양을 충실하게 재현했다.

▶복원이 거의 끝난 상태. 차체 윗면과 포신에는 방청 프라이머 옥사이드 레드를 도포했다.

▼박물관의 이벤트 '아머 페스트 2022'에서 주행 전시하고 있는 AAAM 차량. 이 이벤트에서는 박물관 스태프들에 의한 주행 외에, 일반 관람자들도 다양한 전투 차량을 유료로 승차해 볼 수 있다.

▲격납고 안에서 전시 중인 AAAM 차량. 통상시에는 실내에서 전시한다.

▲박물관 부지를 주행 중. 차량을 주행 상태로 유지하기 위해 항상 정비하고 있다.

▼전투실 지붕의 차장 해치와 탄약수 해치는 개방 상태. 주행시에는 주포에 앙각을 주고 트래블링 클램프로 고정했다.

▼1944년 9월 19일, 독일 슈톨베르크 근교의 뮌스터부쉬 선로 옆에서 격파당한 초기 생산차. 제105 전차여단 소속이라고 전해진다. 후방에서 피탄 당했는지 전투실 지붕이 없어졌고, 기관실 패널도 날아갔다. 앞면에 치메리트 코팅이 되어 있다.

▲같은 초기 생산차를 왼쪽 전방에서 본 모습. 포신에는 위장망이 걸려 있다. 차체 앞면의 알림판에는 프랑스어로 부비트랩에 주의하라는 문구가 적혀 있다.

▶1945년 4월 2일, 독일 브란바우어 시내를 주행하는 제116 장갑 사단의 초기 생산차. 이 차량은 모든 보기륜에 고무 림 타입을 장착. 차체에 위장용 풀을 덮었고, 기관실 윗면에는 짐을 잔뜩 실었다.

◀1945년 5월, 체코슬로바키아 트르제비치 근교에서 격파당한 초기 생산차. 체코슬로바키아군 공병 대대가 전투실 측면에 'X509/A'라고 적어뒀다. 기관실을 중심으로 크게 파괴당했고, 유동륜과 보기륜도 벗겨졌다.

◀소피아 차량 차체 정면. 주포에 트래블링 클램프를 장착한 상태.

▼애버딘 차량 차체 정면. 표면의 위장 도색은 부정확한 데다 열화도 심하다.

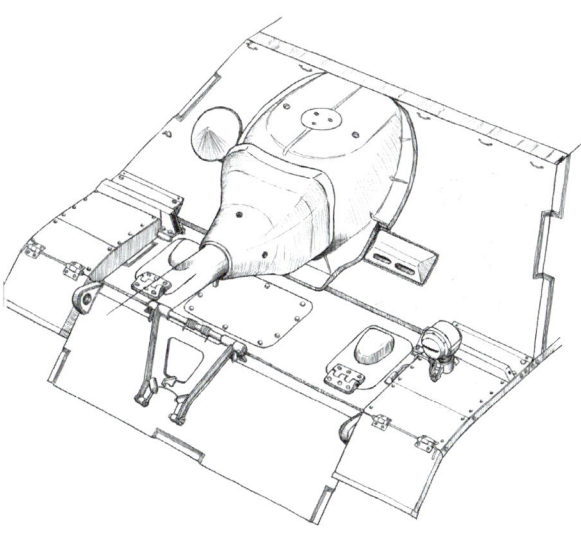

▲생산 초기 차체 앞부분. IV호 구축전차에 있었던 오른쪽 펜더 위의 궤도용 공구와 소화기는 이설. 1944년 9월부터 전투실 지붕 언저리의 네 변에 방수 커버를 고정하기 위한 고리를 용접.

▼복원 작업 중인 AAAM 차량을 정면에서 본 모습. 궤도는 접지면이 세 곳인 것, 八자 모양 미끄럼 방지판이 달린 것 등, 다양한 타입을 병용했다.

▲소피아 차량 포방패 부분을 왼쪽에서 본 모습. 주조제 포방패와 맨틀릿은 표면 처리를 해서 비교적 매끈하다.

▲왼쪽에서 본 모습. 포방패 모양은 Ⅳ호 구축전차와 비교하면 미묘하게 변경됐다.

▲애버딘 차량의 포방패 부분 오른쪽. 포방패에 '172', 맨틀릿에 'L-70 88' 숫자가 보인다. 맨틀릿의 'L-70'은 병행 생산된 Ⅳ호 구축전차와 혼동을 피하기 위한 표기로 추정된다.

▲포방패 부분 오른쪽. 전투실 전면 장갑판과 차체 앞쪽 윗부분에는 Ⅳ호 구축전차 초기 생산차에서부터 이어져 온 단차가 있다.

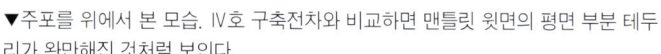
▼주포를 위에서 본 모습. Ⅳ호 구축전차와 비교하면 맨틀릿 윗면의 평면 부분 테두리가 완만해진 것처럼 보인다.

▲AAAM 차량을 복원하기 위해 모아놓은 맨틀릿과 전투실 지붕 등의 부품. 오리지널 부품은 가능한 한 그대로 사용했다.

▲방청 도료를 칠해놓은 맨틀릿에 포가와 포신을 장착한 상태. 포방패를 장착하지 않은 덕에 맨틀릿의 구멍 크기를 잘 확인할 수 있다.

▲소피아 차량 포신 기부. 트래블링 클램프에 특별한 고정장치는 없고, 볼트 4개로 물려놨을 뿐이다.

▲소피아 차량 포방패 부분 오른쪽 확대. 포방패에는 '268', 맨틀릿에는 'L-70 273'을 확인할 수 있다.

◀애버딘 차량 전투실 지붕을 후방에서 본 모습. 전방의 조준기 장갑 가이드 단축, 뒤쪽 끝 중앙의 U 모양 고리 추가, 방수 커버 고정용 고리 추가 등이 IV호 전차에서 변경된 점.

◀개방 상태의 탄약수 해치. 전방에는 손잡이를 용접. 전투실 뒤쪽 끝에 방수 커버 고정용 고리를 용접해놓았다.

▲개방 상태인 AAAM 차량의 차장 해치를 후방에서 본 모습. 긴 타원형이다. 선회식 잠망경 본체는 장비하지 않고 커버만 달려 있다.

▶전투실 지붕을 왼쪽 전방에서 본 모습. 차장 해치 전방의 작은 해치를 열고서 일명 '게눈 안경'이라고 부르는 Sf.14Z 쌍안식 포대경을 장착했다.

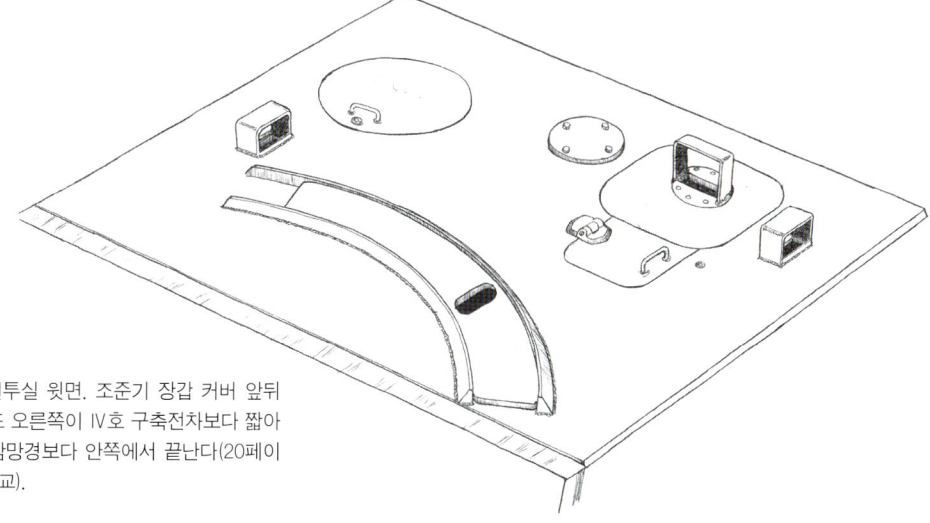
▶생산 초기의 전투실 윗면. 조준기 장갑 커버 앞뒤의 반달 모양 가드 오른쪽이 IV호 구축전차보다 짧아져서, 탄약수용 잠망경보다 안쪽에서 끝난다(20페이지 일러스트와 비교).

▼소피아 차량은 전쟁이 끝나고 한동안 현역 차량이었기 때문에, 펜더 앞쪽 끝과 궤도 등의 소모되기 쉬운 부분은 환장 또는 새로 만든 경우가 많은 것 같다.

▲소피아 차량의 차체 앞면. 당시 생산 차량에는 치메리트 코팅이 되어 있었지만, 이 차량은 흔적도 없이 매끈하게 처리했다.

▲앞쪽 윗면 중앙. 트래블링 클램프 뒤쪽의 기어 박스 점검 해치는 없어졌고, 앞쪽에서 철판을 대서 막아놓았다.

▲트래블링 클램프 기부. 샤프트 중앙에는 올리고 내리기 쉽게 해주는 스프링이 달려 있다.

◀오른쪽 브레이크 점검 해치. 안쪽의 네모난 받침대는 펜더 스테이용.

▶애버딘 차량의 차체 앞부분을 왼쪽에서 본 모습. 표면의 치메리트 코팅이 없고, 트래블링 클램프도 없어졌다.

◀AAAM 차량 차체 정면. 왼쪽에 승차하는 조종수의 공간을 확보하기 위해, 주포가 오른쪽으로 치우쳐 있다.

▼복원 중인 AAAM 차량. 차체는 거의 완성됐지만 아직 전투실 측면, 지붕 왼쪽 앞부분 장갑판이 미장착. 차체 앞부분을 구성하는 용접 구조를 잘 확인할 수 있다.

▲오른쪽 전방에서 본 차체 정면. L/70포의 포신 길이와 낮은 탑재 위치가 대전차 전투에서 큰 도움이 됐지만, 길게 뻗어 나온 포신이 이동할 때 방해가 되면서 야지 주행에서 기동성을 저해했기에, 주행할 때는 트래블링 클램프로 고정하는 것이 필수였다.

◀AAAM 차량 차체 앞부분. 앞부분 위쪽 80mm 장갑판은 오리지널 부품을 사용했는지 곳곳에 피탄 흔적이 남아 있다.

▲오른쪽 펜더. 펜더 스테이 끝부분에 쉬르첸을 거는 고리식 쉬르첸 걸이가 달려 있다.

▲AAAM 차량의 트래블링 클램프. 포신에 닿은 볼트 4개 안쪽에는 완충용 스프링이 내장되어 있다.

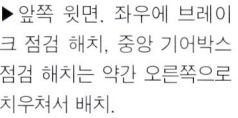

▶앞쪽 윗면. 좌우에 브레이크 점검 해치, 중앙 기어박스 점검 해치는 약간 오른쪽으로 치우쳐서 배치.

▲정면에서 본 왼쪽 펜더 전조등. 보쉬 전면 커버, 소켓, 배선 파이프까지 전부 복원했다.

▲전조등을 왼쪽에서 본 모습. 펜더 스테이의 쉬르첸 걸이는 아마도 오리지널 부품으로, 변형된 상태 그대로 장착했다.

▲소피아 차량 왼쪽 면. 뒤쪽 기관실 측면의 쉬르첸이 없고, 차체 측면 쉬르첸도 쉬르첸 걸이 브라켓만 남아 있다.

▲기관실 왼쪽. 펜더 스테이가 없는데, 펜더를 새로 만들면서 철거한 것 같다. 펜더 뒤쪽 끝의 가동 부분은 용접으로 고정했다.

▲차체 왼쪽을 전방에서 본 모습. 보기륜은 전부 고무 림 타입. 보기륜의 고무는 손상이 심해서 휠만 남은 것도 있다.

◀애버딘 차량의 차체 왼쪽을 약간 후방에서 본 모습. 궤도는 좌우 모두 경량형 궤도를 장착했다.

▼애버딘 차량 차체 왼쪽을 전방에서 본 모습. 제1, 제2 보기륜에 강재 보기륜을 장착. 쉬르첸 걸이는 앞쪽에 2개만 남아 있다.

▲AAAM 차량 차체 왼쪽. 앞서 말한 대로 궤도는 통상 타입을 조합했지만 제 1, 제2 보기륜은 강재 보기륜을 장착했다.

▼실내 전시 중인 AAAM 차량. 기관실의 쉬르첸은 오리지널 부품을 사용했고, 위쪽의 이어 붙인 부분 외에는 탄흔이 남은 상태 그대로 사용했다.

▲달려가는 AAAM 차량 차체 왼쪽. 펜더 뒤쪽 끝의 반사판까지 꼼꼼하게 복원했다. 왼쪽에 달린 쉬르첸 걸이 8개는 오리지널 부품을 그대로 장착했기에 상태가 제각각이다.

▼위장 도색은 '매복(앰부쉬)' 또는 '빛과 그림자'라고 불리는 복잡한 위장 무늬로 처리했다.

▼왼쪽 펜더. 오리지널 부품으로 추정되는 쉬르첸 걸이는, 평면 부분이 넓어진 신형 타입이다.

▲AAAM 차량 왼쪽 앞부분. 전투실 측면 장갑판은 부식 때문에 표면이 상당히 거칠어졌다.

▲차체 오른쪽 측면. 전방 연료 주입구가 보인다.

▲복원 중인 AAAM 차량. 차체 하부에는 서스펜션 보기와 범프 스토퍼를 장착하는 판 모양 브라켓을 용접했고, 측면 2곳에 연료 주입구를 장착하는 구멍이 있다.

▲복원 중인 차체 뒷부분. 측면과 뒷면 장갑판을 어떻게 조립했는지 알 수 있다. 측면 장갑판과 일체형인 견인 아이 플레이트에 주의.

◀애버딘 차량 왼쪽 뒷부분 펜더. 앞뒤 펜더 스테이에 차재 공구 클램프(아마도 궤도 텐션 조정 렌치용)가 달려 있다.

55

▶소피아 차량 차체 오른쪽. 고무 림이 없어지는 등, 보기륜 상태는 그다지 좋지 않다. 허브 캡은 낡은 주조 타입과 새로운 프레스 타입이 혼재.

▼AAAM 차량 우측면. 왼쪽과 마찬가지로 제1, 제2 보기륜은 강재 타입을 장착. 펜더의 쉬르첸 걸이도 전부 달려 있다.

▲우측면을 약간 후방에서 본 모습. 전투실을 포함한 윗부분은 차외 장비품을 장비하지 않은 평면 상태로 디자인해서 양호한 피탄 경사를 실현했다.

▶실내 전시 중인 AAAM 차량. 실제 차량을 상세하게 조사하고 다수의 부품을 수집해서, 외관을 거의 위화감이 없는 상태까지 복원했다.

◀소피아 차량 전투실 우측면. 아마도 불가리아군이 운용할 때 추가한, 용도는 불명이지만 차외 장비품용으로 추정되는 랙이 용접되어 있다. 쉬르첸 걸이는 전부 제거했다.

▼기관실 우측면. 오른쪽 펜더에는 펜더 스테이가 남아 있다.

▼애버딘 차량 차체 우측면 뒤쪽. 전투식 측면 위쪽에 방수 커버 장착용 고리가 용접되어 있다. 전투실과 기관실 측면의 쉬르첸은 내부에서 브라켓을 통해 볼트로 고정했다.

▼AAAM 차량 기관실 우측면. 왼쪽과 다르게 오른쪽 쉬르첸은 새로 만든 것으로 보인다. 전투실 뒤쪽 끝과 약간 겹치게 장착했다.

◀AAAM 차량 우측면을 약간 뒤쪽에서 본 모습. 기관실 측면의 쉬르첸은 두께 5mm 강판이며 30도의 경사를 줬다.

▼흙먼지를 날리며 등판하는 AAAM 차량. 짧은 시간의 주행도 전차에 상당한 부담을 준다는 것을 알 수 있다.

▲AAAM에서 매년 8월에 열리는 '아머 퀘스트'의 체험 승차에서는, 박물관이 가동 상태로 보유하고 있는 제2차 세계대전부터 현대까지의 다수의 전차에 탑승할 수 있다. 요즘은 차종에 따라 다르며, 인원 제한과 당일의 차량 컨디션 등의 이유로 승차할 수 없는 경우도 있다.

▼전시 주행이 끝난 뒤에는 얕은 풀에 들어가서 고압 세척기로 구동부의 진흙과 먼지를 씻어낸다.

▶ AAAM 차량 차체 우측 전방. 맨틀릿 측면의 숫자는 '378'. 전투실 전면과 차체 앞 윗면 사이에 장갑판 두께 강화에 따른 단차가 없고 깔끔하게 연결되는 점에 주의.

▲ 차체 후방을 오른쪽 위에서 본 모습. 전투실 지붕의 장갑 두께는 20mm. 뒷면의 예비 궤도는 7개를 탑재했다. 오른쪽은 IV호 돌격포, 왼쪽은 IV호 전차 D형과 IV호 전차 시리즈 차량들이 모여 있다.

▲ 차체 전방 오른쪽 펜더. 맨틀릿 측면에 기관총 포트 커버와의 간섭을 피하기 위해 자른 부분이 있는 것을 보면, L/48 포 탑재 IV호 구축전차용 맨틀릿을 유용한 것으로 보인다.

▲ 차체 오른쪽 쉬르첸 걸이. 브라켓 부분은 금속 띠를 용접해서 강도를 높였고, 본체는 쉬르첸과 닿는 부분을 L자 모양으로 구부렸다.

▲ 약간 뒤쪽에서 본 쉬르첸 걸이. 용접 조립과 구부려서 가공한 구조를 잘 알 수 있다.

◀소피아 차량 차체 뒷면. 내부에 엔진 등은 제거했고 배기 머플러와 잭 받침은 결손. 전후 불가리아군이 개수하면서 위쪽 예비 궤도 랙이 가운데가 높은 삼각형이 되었다.

▼차체 뒷면을 오른쪽에서 본 모습. 각 부분 부품 결손이 많고 장착된 궤도도 소모가 심하다. 유동륜 기부 위쪽에 궤도 핀 이탈 방지판으로 추정되는 구조물이 증설되었다.

◀AAAM 차량 뒷면을 왼쪽에서 본 모습. 잭 받침은 장비하지 않았지만 후미등(차간 표시등)과 예비 궤도 등의 다른 차외 장비품들은 전부 갖추고 있다.

▶오른쪽에서 본 차체 뒷면. 왼쪽의 Ⅳ호 전차 D형과 비교해도 차체 높이가 확실하게 낮다.

▲AAAM 차량 차체 뒷면 아래쪽. 예비 궤도 랙은 1944년 9월 무렵부터 기관실 전체 폭까지 넓어져서, 보다 많은 궤도를 탑재할 수 있게 됐다.

▲실내 전시 중인 AAAM 차량 뒷면. 기관실 윗면 예비 궤도는 탑재하지 않았다.

▲약간 위쪽에서 본 차체 뒷면. 차체 장비품은 잭, 도끼, 시동 크랭크, C자 샤클 등을 확인할 수 있다.

◀소피아 차량 차체 뒷면. 'B 60407'은 불가리아군 등록번호이며, 이 차량 외에도 3량의 IV호 전차/70(V)가 등록된 것을 확인했다.

▲왼쪽 유동륜 기부. L자형 조정 핸들은 없어졌다. 나중에 붙인 궤도 핀 이탈 방지판에 주의.

▲오른쪽 유동륜 기부. 오른쪽도 L자형 조정 핸들은 없다. 궤도 핀 이탈 방지판은 상당히 거친 상태. 펜더 뒤쪽 끝부분은 레플리카.

▲복원 중인 AAAM 차량 뒷부분. 아래쪽 견인 홀드는 대미지를 입고 변형된 상태의 실차 부품을 장착. 차체 아래 바닥에 머플러 밑에 장착하는 배기관 커버 2개가 보인다.

▲애버딘 차량 차체 뒷면. 손상이 심하지만, 기본적인 부품은 오리지널 상태로 추정된다. 잭 받침도 위쪽 홀더는 남아 있다.

▲애버딘 차량은 원통형 머플러를 장비. 대미지 때문에 변형되기는 했지만 아마도 오리지널 부품을 장착.

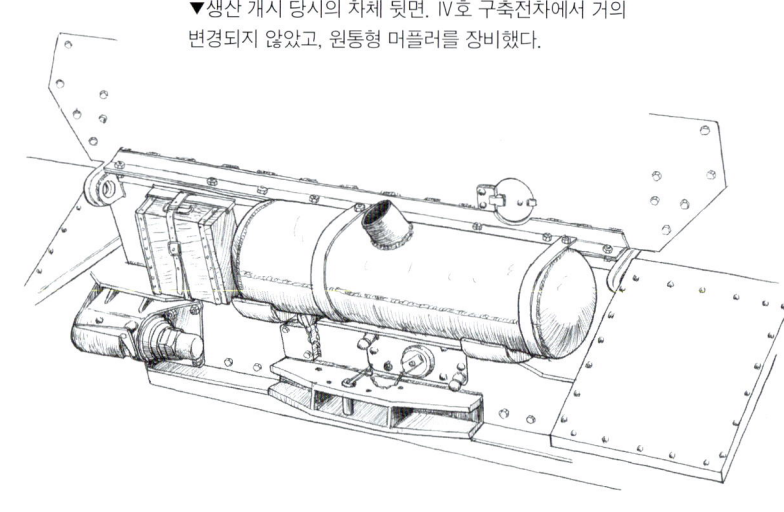

▼생산 개시 당시의 차체 뒷면. IV호 구축전차에서 거의 변경되지 않았고, 원통형 머플러를 장비했다.

▲원통형 머플러 위쪽으로 튀어나온 배기관. 엔진 배기는 2개의 배기관을 따라 머플러로 들어가고, 내부에서 소음과 소염(消炎)이 이뤄진 뒤에 이 배기관을 통해서 배출된다.

▲하부 견인 홀드는 변형 없이 형태를 유지하고 있다. 냉각수 배수구, 관성 시동장치 구멍 커버는 전부 없어졌다.

▲AAAM 차량의 원통형 배기관. 박물관에서 새로 제작한 것인데, 오리지널보다 약간 작고 배기관에 밸브가 달려 있다.

▲뒷면 좌측 잭 받침대 장착 브라켓. 구멍이 세 개 뚫려 있고, 중앙에는 벨트 고정용 고리가 용접되어 있다.

▲소피아 차량의 차체 밑면. 엔진 정비용 서비스 해치 패널이 사라져서 뚫려 있는 상태.

▲AAAM 차량의 견인 홀드 부분. 견인 작업 등에 의해 변형된 것으로 보인다. 냉각수 배수구 캡은 없어도 관성 시동장치 구멍용 커버는 분실 방지 체인까지 달려 있다.

▲왼쪽 펜더 윗부분에 달린 각진 형태의 후미등(차단 표시등). 라이트 면의 패널을 위로 올려서 빨간 램프를 표시했다.

▲오른쪽에서 본 후미등(차간 표시등). 배선 코드를 연결하지 않아서 발광하지는 않을 것 같다.

◀애버딘 차량 왼쪽 펜더 뒤쪽 끝. 안쪽에 후미등 전원 코드 배선이 있다.

▲애버딘 차량 기관실 윗면 왼쪽. 냉각수 주입구 커버는 상자 모양을 장착. 그릴 윗면의 예비 보기륜 랙은 전방에만, 중앙의 고정구와 후방 랙은 없어졌다.

▲AAAM 차량 뒤쪽 윗면. 기관실 중앙에 와이어 커터, 오른쪽 위에 궤도 조정용 렌치가 달려 있다.

▲기관실 윗면 오른쪽. 각종 차외 장비품 랙은 간신히 남아 있는 상태.

▲AAAM 차량 기관실 윗면 오른쪽. 오른쪽 점검 패널 손잡이가 없다.

▼1944년 9월 무렵의 기관실 윗면. 예비 궤도 랙의 폭을 넓혀서 기관실 전체 폭과 같아졌다.

▲기관실 윗면 왼쪽. 예비 보기륜은 없지만, 예비 보기륜 랙은 중앙의 고정구까지 재현했다.

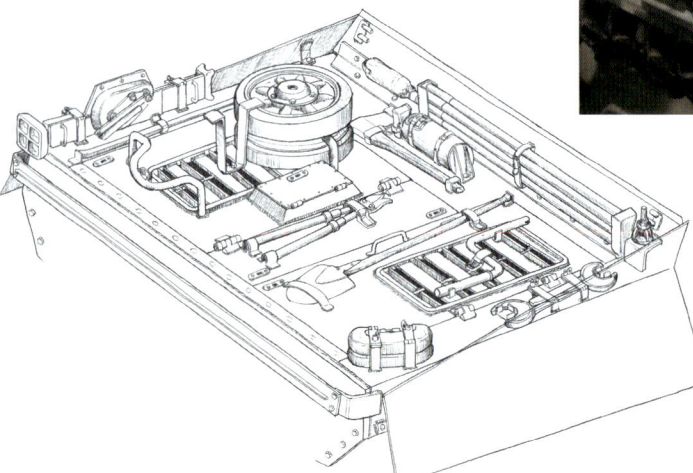

▲AAAM 차량 차체 왼쪽. 보기륜은 좌우 모두 전방 제1, 제2 보기륜이 강재, 나머지는 고무 림 타입이다.

▲왼쪽 후방. 유동륜은 파이프 용접 타입을 장착. 차체 쪽 기부는 사각형으로 커팅된 타입을 장착.

▲복원 작업 중인 구동부. 기동륜과 최종 감속기 커버 등을 제외한 부분은 기본 도장이 끝났다.

▲기동륜의 최종 감속기 커버 안쪽. 주조제이며 IV호 전차 H형부터 채용한 타입이다.

◀왼쪽 강재 보기륜. 정확히는 '완충 고무 내장형 강재 보기륜'이고 원래는 고무 자원을 절약하기 위해 계획했지만, IV호 구축전차와 IV호 돌격 전차 브룸베어 등의 무거운 차량에서 과도한 무게를 견디기 위해 장착하는 경우가 많았다.

▲왼쪽 중앙부. 고무 림 장착형 보기륜, 서스펜션 보기, 범프 스토퍼 등 초기 생산차의 타당한 부품들을 장착했다.

◀소피아 차량의 차량 왼쪽 중앙부. 보기륜은 구형 주조 허브 캡을 장착했지만, 서스펜션 보기는 위쪽 2개의 볼트 구멍을 생략한 신형을 장착했다.

▲AAAM 차량 오른쪽 기동륜.

◀같은 오른쪽 기동륜을 전방에서 본 모습. 허브 캡은 홈이 파인 너트로 고정했다.

▼차체 하부 구동부를 전부 장착한, 복원 중인 차체 오른쪽. 위쪽 보기륜은 3개, 기부는 주조 타입을 장착했다.

▼애버딘 차량 차체 오른쪽. 제1, 제2 보기륜은 강재를 장착했지만, 서스펜션 보기는 중앙의 볼트 고정 구멍이 생략된 타입.

◀애버딘 차량의 오른쪽 유동륜 기부. 궤도는 IV호 전차/70(V)에서 채용한 경량형 궤도를 장착했고, 상당히 마모되기는 했지만 접지면의 우묵한 부분 2곳 등을 확인할 수 있다.

▲소피아 차량 차체 오른쪽을 유동륜 쪽에서 본 모습. 궤도는 접지면의 미끄럼 방지가 일체화된 구형.

▲오른쪽 뒷부분. 유동륜은 파이프 용접 타입, 서스펜션 보기는 볼트 구멍 생략 타입.

◀AAAM 차량의 차체 오른쪽. 기동륜은 미장착. 위쪽의 물결 모양 L자 앵글은 차체 윗부분을 장착하기 위한 스테이.

▲오른쪽 강재 보기륜. IV호 구축전차, IV호 전차/70(V)에서는 앞쪽 한 개나 두 개만 강재였지만, IV호 전차/70(A)에서는 앞쪽 네 개, IV호 돌격 전차 브룸베어에서는 모든 보기륜이 강재로 구성된 경우도 있었다.

▲오른쪽 제7, 8 보기륜. 통상적인 고무 림 타입에 프레스 타입 허브 캡을 장착.

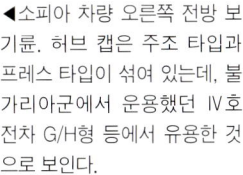

◀소피아 차량 오른쪽 전방 보기륜. 허브 캡은 주조 타입과 프레스 타입이 섞여 있는데, 불가리아군에서 운용했던 IV호 전차 G/H형 등에서 유용한 것으로 보인다.

▲AAAM 차량의 서스펜션 보기. 오른쪽용이고, 판 스프링이 두꺼운 쪽이 전방.

▲제8 보기륜을 장착한 서스펜션 보기. 판 스프링식 서스펜션은 III호 전차 등의 토션바 방식보다 구조가 간단하고 신뢰성도 높다는 메리트가 있었다.

IV호 전차 / 70(V) 후기 생산차

1944년 10~11월 무렵부터 생산된 치메리트 코팅 폐지, 상부 보기륜 3개, 소염형 머플러를 상비한 차량을, 이 책에서는 편의상 '후기 생산차'로서 해설한다.

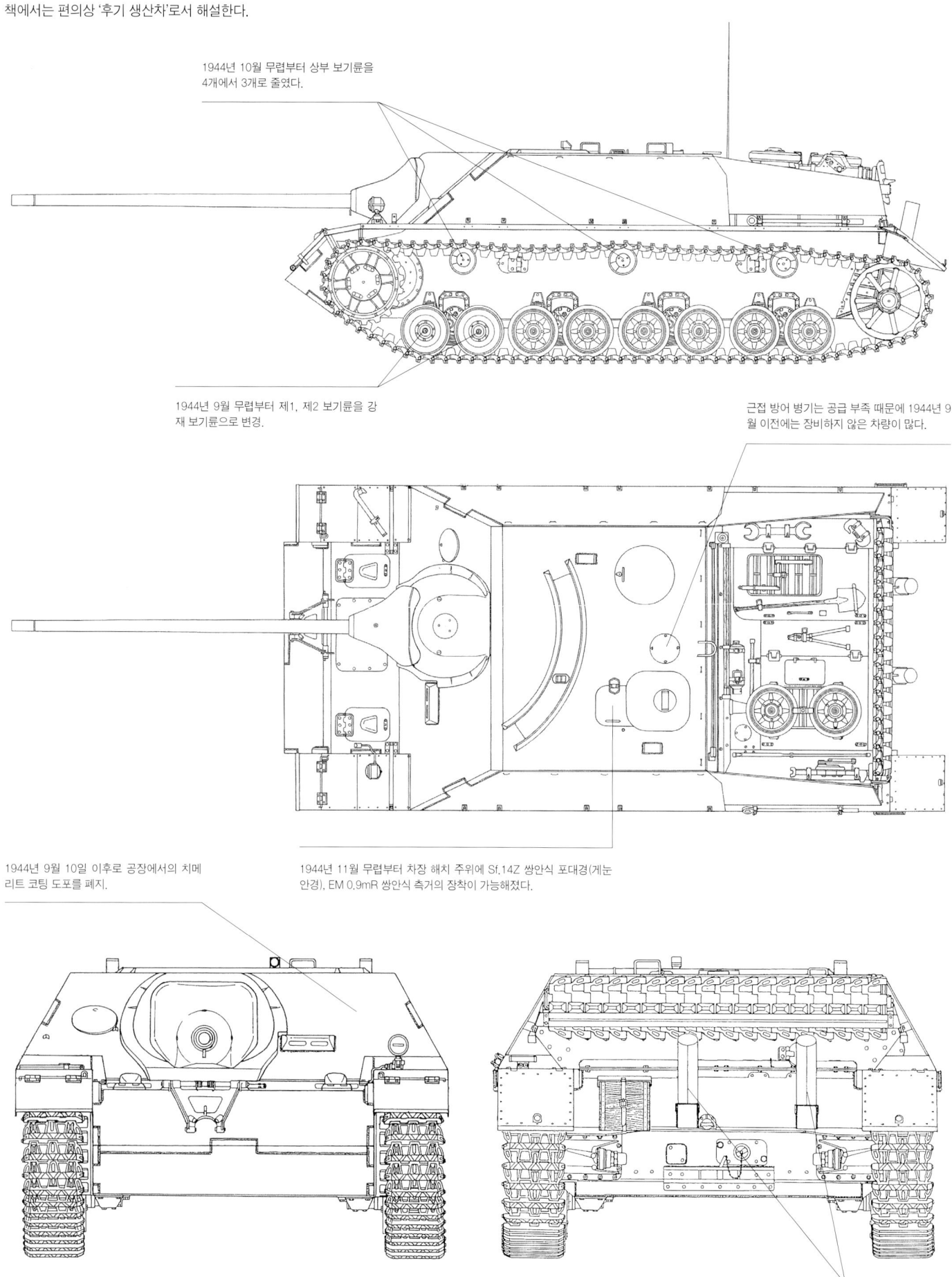

1944년 10월 무렵부터 상부 보기륜을 4개에서 3개로 줄였다.

1944년 9월 무렵부터 제1, 제2 보기륜을 강재 보기륜으로 변경.

근접 방어 병기는 공급 부족 때문에 1944년 9월 이전에는 장비하지 않은 차량이 많다.

1944년 9월 10일 이후로 공장에서의 치메리트 코팅 도포를 폐지.

1944년 11월 무렵부터 차장 해치 주위에 Sf.14Z 쌍안식 포대경(게눈안경), EM 0.9mR 쌍안식 측거의 장착이 가능해졌다.

1944년 10월 무렵부터 원통형 머플러에서 통 모양 소염형 배기관 머플러 2개로 변경 개시.

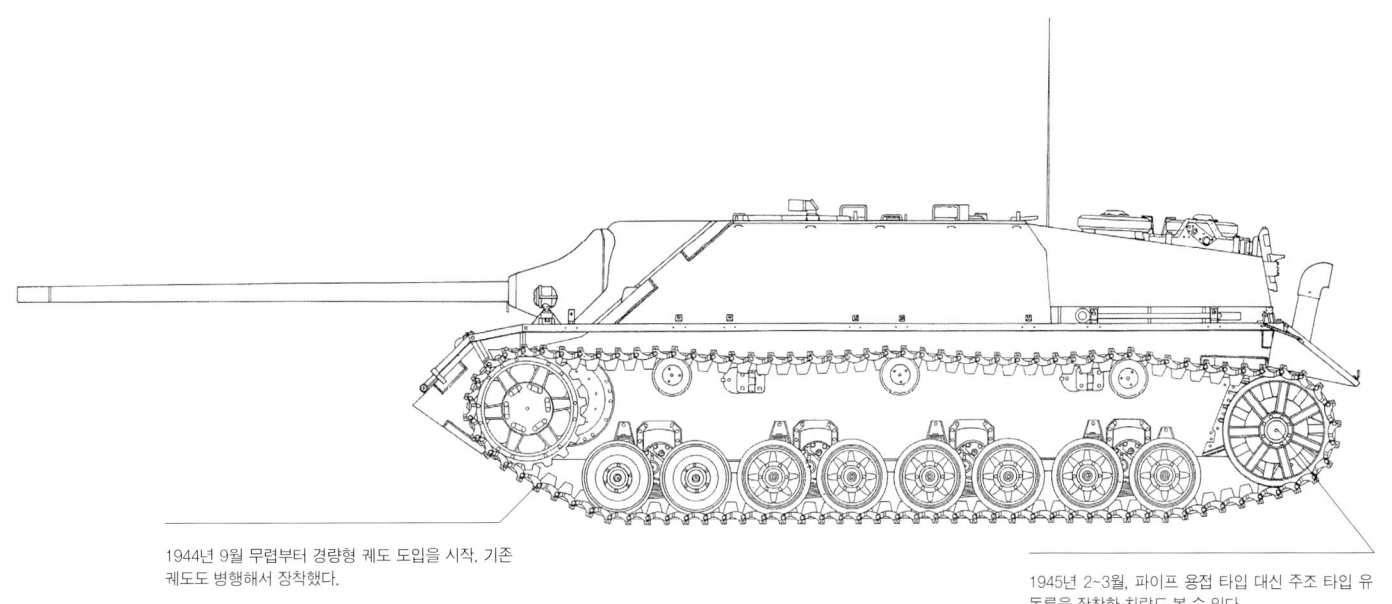

1944년 9월 무렵부터 경량형 궤도 도입을 시작. 기존 궤도도 병행해서 장착했다.

1945년 2~3월, 파이프 용접 타입 대신 주조 타입 유동륜을 장착한 차량도 볼 수 있다.

1945년 초 무렵부터 가설 크레인 장착형 필츠를 3곳에 설치. 1945년 3월부터 5곳으로 증설.

1945년 3월, 브레이크 점검 해치 냉각구를 폐지하고 손잡이를 용접.

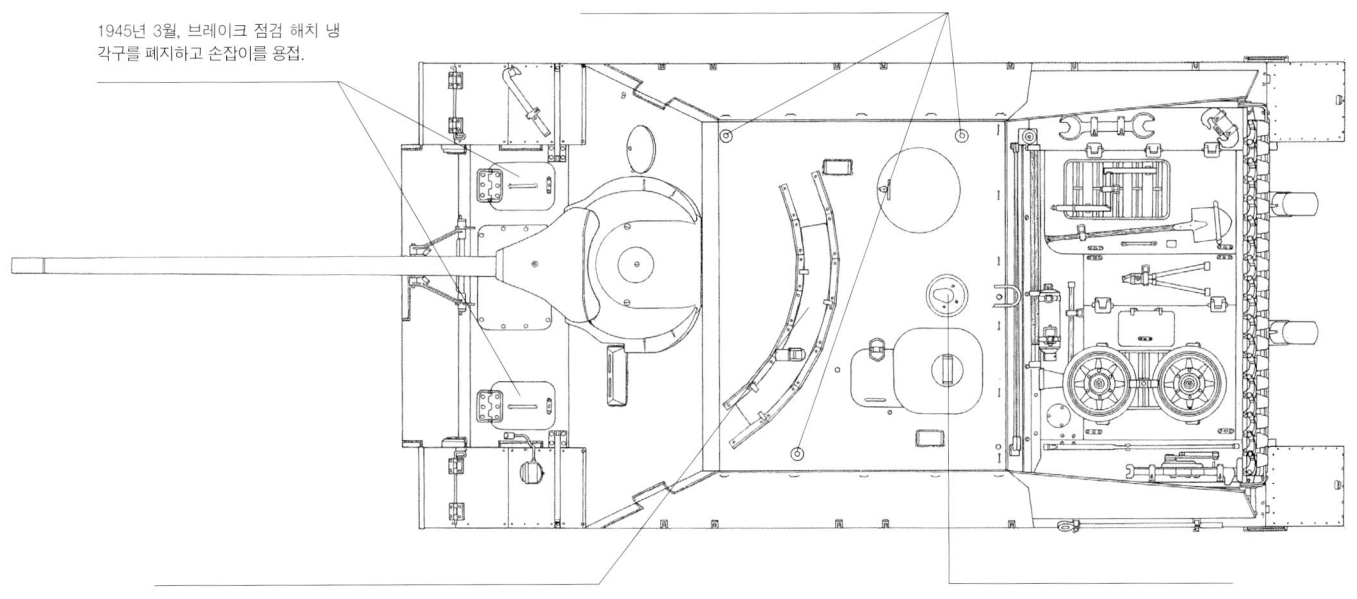

1945년 2월 무렵부터 Sfl.ZF 1a 자주포 조준기 장갑 커버 앞뒤의 반원형 가드를 간소화하고, 짧은 강재를 이어붙인 구성이 된다.

1944년 9월 무렵부터 근접 방어 병기를 장착.

1945년 2월부터 소염 머플러 끝에 편향 노즐을 단 타입도 볼 수 있다.

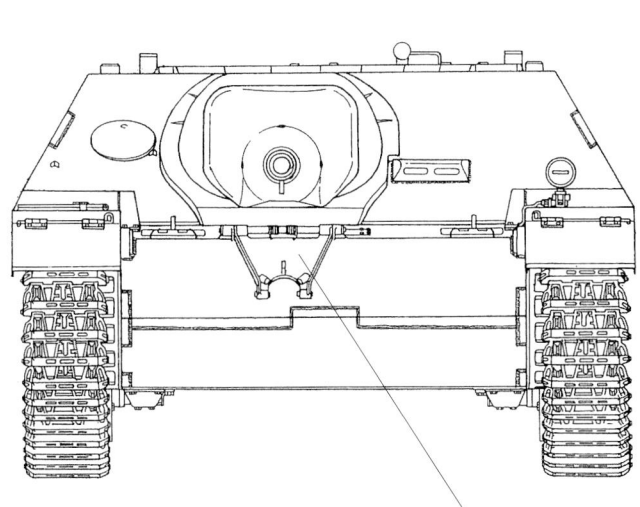

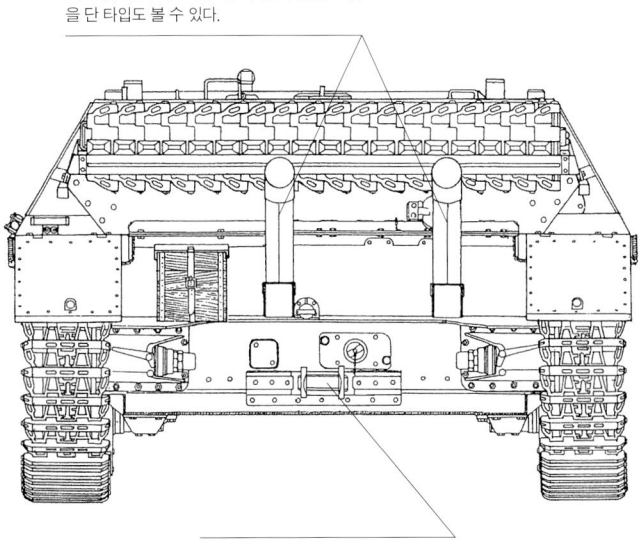

1945년 2월 무렵부터 트래블링 클램프가 중앙의 구멍을 생략한 타입으로 변경.

1944년 12월 무렵부터 견인 홀드가 커지고 세로형 마운트로 변경.

▶포트 베닝의 미국 육군 기갑·기병 박물관에서 보관 중인 후기 생산차. 현재는 일반에 공개하지 않는다. 차체 번호는 320996으로 1944년 11월 생산 차량이다.

▲전체적으로 오리지널 상태로 보관 중이다. 포방패에는 '291', 맨틀릿에는 'L-70 575'가 새겨져 있다.

▲왼쪽 후방에서 본 모습. 원래 영국군이 접수한 차량으로, 슈라이브넘 연구 시설이 소장했다가 민간 소유를 거쳐 1990년대에 미국으로 이관됐다.

▲러시아 쿠빙카에 있는 '애국 공원'의 후기 생산차. 차체 번호는 320999이며, 1944년 11월 무렵에 생산된 차량으로 추정된다.

▶쿠빙카 전차박물관에서 전시했던 상태를 왼쪽 후방에서 본 모습. 머플러는 새로 만든 레플리카.

◀쿠빙카 전차박물관 전시 상태. 전조등 등의 차외 장비품과 부품들은 부정확한 재생품을 장착한 것들이 많다.

▼캐나다 오타와에 있는 캐나다 전쟁 박물관이 소장한 후기 생산차. 1945년 초기에 생산된, 현존 차량 중에서는 가장 후기의 것이다.

▲애국 공원에서 전시 중인 상태. 2004년에 이관, 재도장했고 측면에 차량번호 '322'가 적혀 있다. 트래블링 클램프는 없어졌다.

▼위에서 본 오타와 차량. 맨틀릿과 전투실 지붕 상태를 잘 알 수 있다.

◀야외 전시 중인 오타와 차량. 1945년 5월에 독일 빌헬름스하펜 근교에서 제4 캐나다 기갑사단이 노획했다.

▶1945년 3월 25일, 독일 오버플라이스에서 미군이 노획한 후기 생산차. 1944년 11월 무렵에 제조해서 제3 장갑척탄병 사단에 배치된 차량. 이 시기에는 보기 드물게 강재 보기륜을 장착하지 않았다.

▼1945년 1월 22일, 룩셈부르크의 마르나흐(marnach) 근교에서 항공 공격에 격파된 후기 생산차. 전면 장갑판을 남기고, 전투실부터 기관실까지 상부 구조물이 날아갔다. 차 주위에 7.5cm 포탄이 흩어져 있다.

▲1945년 1월, 독일 동프로이센에서 보병 부대와 이동 중인 후기 생산차. 후면의 통 모양 소염기 배관, 잭 받침대 등을 확인할 수 있다. 궤도는 경량형 궤도, 견인 홀드는 구형 그대로. 왼쪽의 차체 쉬르첸은 중앙의 한 장만 달고 있다.

▶1945년 봄, 소련군이 베를린 근교에서 격파한 후기 생산차. 앞부분은 나뭇가지로 위장했다. 기관실 측면 쉬르첸은 없어졌고, 차체 오른쪽 가장 앞쪽 쉬르첸만 존재.

▲쿠빙카 차량 전투실 측면 기관총 포트 장갑 커버. 커버 스토퍼는 L자 모양 판에서 사다리꼴의 작은 조각을 용접한 것으로 변경됐다.

▲포방패를 오른쪽에서 본 모습. 포방패 끝의 포신 아래쪽에는 트래블링 클램프 스토퍼로 보이는 작은 조각을 용접했다.

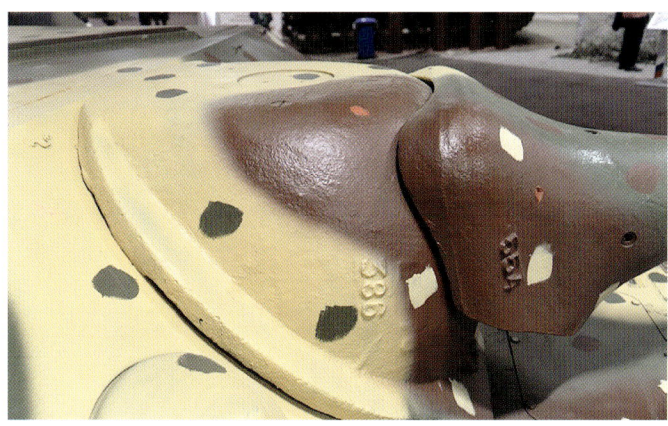
▲포방패와 맨틀릿. 포방패에는 '554', 맨틀릿에는 'L-70 386'이 보이는데, 이 무렵에는 IV호 구축전차와 병행 생산이 끝난 탓인지 'L-70'이 상당히 흐릿하다.

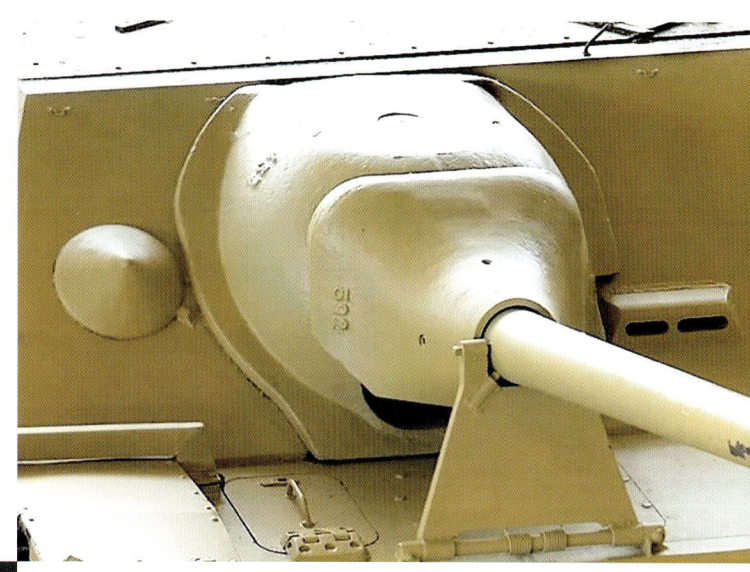
▲오타와 차량의 차체 앞부분. 앞쪽 윗면의 브레이크 점검 해치 냉각구는 없고 손잡이를 용접. 포방패에는 '392', 맨틀릿에는 통상적인 것과 다른 위치에 '437'이라는 숫자가 보인다. 맨틀릿은 기관총 커버 옆부분 등의 모양도 미묘하게 달라졌다.

▲오타와 차량의 전투실 지붕. 단순해진 조준기 장갑 가이드, 해치 주변 고정 볼트 등을 확인할 수 있다. 근접 방어 병기와 필츠는 장비하지 않았다.

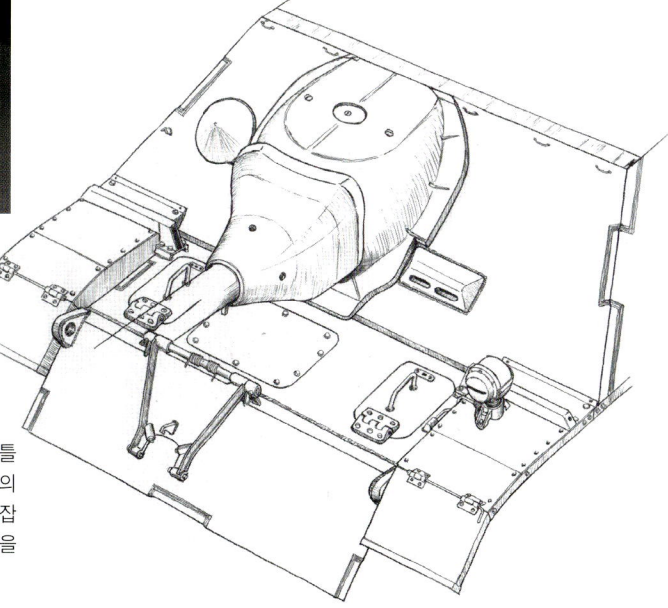
▶1945년 이후의 최후기 생산차 차체 앞부분. 맨틀릿 위쪽의 축 받이 해치 부분을 변경. 앞쪽 윗면의 브레이크 점검 해치 윗면의 냉각구를 폐지하고 손잡이로 변경. 트래블링 클램프는 구멍이 없는 타입을 장착.

▶쿠빙카 차량의 차체 오른쪽 쉬르첸 걸이는 전부 없어졌다. 강재 위쪽 보기륜은 허브 부분이 단순한 타입을 장착.

▲차체 뒷면. 머플러는 너무 큰 원통형 레플리카를 장착했는데, 실제로는 통 모양 소형 머플러를 장착했을 것으로 추정된다. 견인 홀드는 기존 타입을 장착. 궤도는 경량형 궤도.

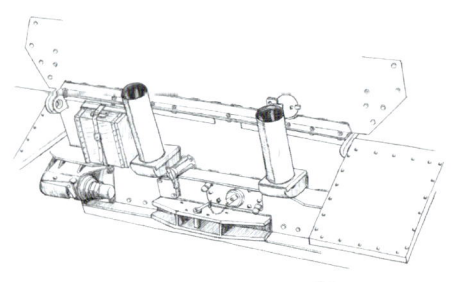

◀후기 생산차 차체 뒷부분. 1944년 9월부터 통 모양 소염형 머플러 도입을 개시. 한동안은 기존 원통형 머플러도 병행해서 장착했다.

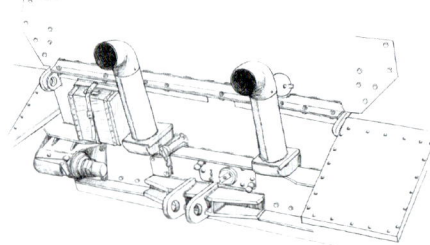

▶최후기 생산차 차체 뒷부분. 1944년 12월부터 견인 홀드를 대형 세로형 마운트로 변경. 1945년 2월부터 소염 머플러 끝부분에 편향 노즐을 장착한 차량도 볼 수 있다.

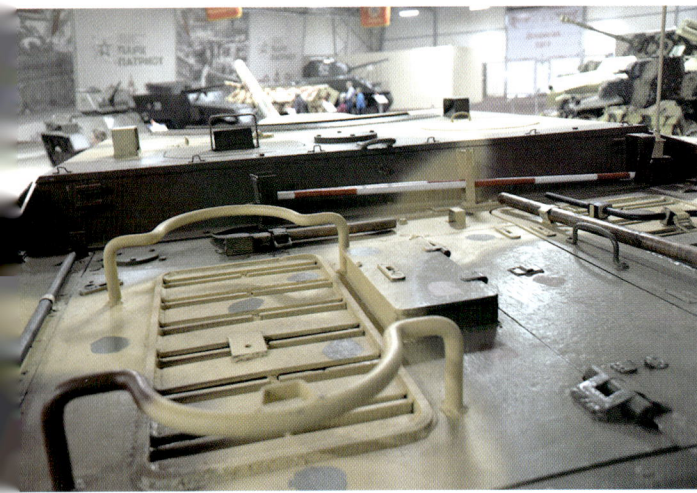

▲쿠빙카 차량 기관실 윗면. 냉각수 주입구 커버는 상자형. 차외 장비품 일부를 장착했지만, 크기가 다른 것 등을 보면 오리지널 부품은 아니다. 포구 청소 막대 홀더에는 적백색 겨냥대가 들어가 있다.

▲쿠빙카 차량의 기관실에 남아 있는 마이바흐 HL 120 TRM 엔진을 전방에서 본 모습. 엔진은 오른쪽으로 치우쳐서 탑재. 실린더 뱅크 부분에 기화기가 보인다. 엔진에서 나온 배기관이 후면 장갑판을 통해서 나가는 모습이 보인다.

◀후기 생산차 기관실 윗면. 1944년 6월부터 왼쪽 점검 패널의 라디에이터 냉각수 주입구 커버를 IV호 전차와 같은 상자 모양으로 변경했지만, 한동안은 기존 사다리꼴을 사용한 차량도 병행 생산했다.

▲쿠빙카 차량 왼쪽 전방 구동부. 야외 보관 시기의 사진이다 보니 외관이 상당히 지저분하다. 기동륜 전방의 경량형 궤도에는 八자 모양 미끄럼 방지구가 달려 있다.

▲재도장한 현재 상태. 서스펜션 보기 장착 구멍 유무에 주의. 연료 주입구는 경첩 모양이 다른 타입(55페이지 참조).

▲보기륜은 제1, 제2가 강재, 나머지는 고무 림 타입. 서스펜션 보기는 제1, 제2에는 위쪽 2개의 구멍이 있고, 나머지는 구멍이 없다.

▲차체 오른쪽 뒷부분. 위장 패턴은 매복 무늬로 도장.

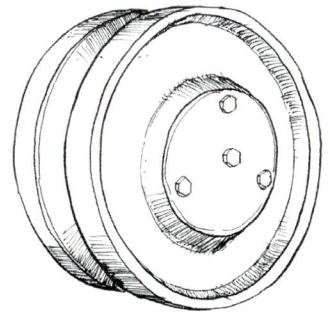
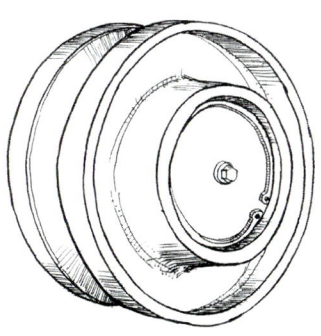

◀위쪽 보기륜 배리에이션. 양쪽 모두 강재이며 오른쪽이 Ⅳ호 전차 H형과 공통인 초기 타입, 왼쪽은 센터 허브 부분을 간략화한 후기 타입.

4장 IV호 전차/70(A)

강력한 7.5cm Pak 42 L/70포를 탑재한 전투 차량을 늘리기 위해, IV호 전차/70(V)와 통합 대전차 자주포로의 이행을 서두르는 동시에, IV호 전차의 차체를 그대로 유용한 간이 구축전차로서, 알케트에서 IV호 전차/70(A)를 생산했다.

해설/타케우치 키쿠오 Description : Kikuo Takeuchi
도면/엔도 케이 Photos : Przemyslaw Skulski, SOkA Olomouc, George Papadimitriou, Panzerpicture, Jacek Szafranski
Drawings : Kei Endo

【IV호 전차 /70(A) 성능 제원】
- 전장 : 8,870m
- 전폭 : 2,900m(쉬르첸 제외)
- 전고 : 2,200m
- 최저 지상고 : 0.400m
- 중량 : 27 톤
- 승무원 : 4명(차장, 포수, 탄약수, 조종수)
- 무장 : 7.5cm Pak 42 L/70
  탄약 90발
  7,92mm MG 42 1정
- 엔진 : 마이바흐 HL 120 TRM
  V형 12기통 수냉 가솔린 엔진
- 최대 출력 : 265마력
- 트랜스미션 : ZF S.S.G.76
  전진 6단, 후진 1단
- 최고 속도 : 38km/h(도로)
- 평균 속도 : 도로 25km/h, 야지 20km/h
- 연료 탱크 용량 : 470 리터
- 항속거리 : 도로 200km, 야지 130km
- 차체 장갑 두께 : 80~10mm
- 전투실 장갑 두께 : 80~20mm

▲1945년 2월 8일, 프랑스 콜마르 근교의 미터위어에서 손상, 유기된 IV호 전차/70(A). 제2106 전차대대 제4중대 소속으로 추정된다. 보기륜은 앞쪽 4개가 강재, 위쪽 보기륜은 4개.

IV호 전차/70(A)의 생산과 개수

IV호 전차/70(A)는 IV호 전차 J형 생산을 담당했던 니벨룽겐 제작소에서 1944년 8월부터 1945년 3월까지 277량을 생산했다. 처음에는 'IV호 전차 랑(A)'라는 명칭이었고 1944년 11월부터 'IV호 전차/70(A)'로 불렸다. 'A'는 개수 키트를 제조한 알케트사를 의미한다.

전투실 윗부분은 IV호 전차/70(V)를 답습하면서도 변경점이 더해졌다. 시제차는 측면에 수직 부분이 있었지만, 양산차에서는 펜더에 걸치는 경사각 20도의 장갑으로 변경됐다. 전투실 아래쪽은 전면 장갑, 조종수 바이저, 상부 측면, 기관총 장갑 커버, 탄약 랙 등이 IV호 전차/70(A) 전용 부품으로, 나머지는 IV호 전차 J형의 차체를 그대로 사용했다.

1944년 8월에 IV호 전차/70(V)와 동시에 생산을 개시, 9월에는 프론트 헤비에 대응하기 위해 강재 보기륜과 경량형 궤도를 도입했다.

1944년 9월, 차체 양쪽 측면의 쉬르첸을 IV호 전차 J형과 마찬가지로 얇은 강판에서 와이어 메쉬(철망) 쉬르첸으로 변경했다. 이것은 지름 6mm 와이어로 18mm 간격의 정사각형 격자를 짠 것인데, 대전차 라이플이나 성형작약탄에 대한 방어력은 유지하면서 중량 경감, 장갑의 유연성, 쉬르첸과 펜더 사이에 발생하는 먼지 등을 경감하는 등의 메리트가 있었다. 그리고 동시기에 차체에 대한 치메리트 코팅이 폐지됐다.

1944년 11월부터 탄약수 해치에 근접 방어용으로 StG44 돌격총을 사용할 수 있

전투실은 알케트에서 다시 설계했기에 측면 장갑판 각도 등의 형상도 달라졌다.

중량이 27톤으로 늘었기 때문에 1944년 9월부터 강재 보기륜을 도입. 제1, 제2 보기륜 외에 제3, 제4까지 강재 보기륜으로 변경된 차량도 있다.

는 잠망경이 딸린 볼 마운트와 90도 곡사 총신(Vorsatz P)을 장비했는데, 일부 차량은 장비하지 않고 뚜껑을 덮어버렸다. 또한 IV호 전차/70(V)와 마찬가지로 전투실 지붕에 Sf.14Z 쌍안식 포대경(게눈 안경), EM 0.9m 쌍안식 측거의가 장착 가능해졌다.

1944년 12월에는 차체 뒷부분에 대형 견인구가 달렸다. 그리고 생산 간이화를 위해 견인 샤클 장착부를 차체 측면 장갑판과 일체화한 아이 플레이트 방식으로 변경했다. 위쪽 보기륜을 4개에서 3개로 줄였는데, 1945년 이후에도 보기륜을 4개 단 채 생산된 차량이 있다.

▲IV호 전차/70(A)는 IV호 전차/70(V)형을 바탕으로 개발됐는데, 주포를 제외하면 상당히 많은 부분의 설계가 변경돼서 거의 다른 차량이라고 해도 과언이 아닐 정도이며, 슬림하고 낮은 IV호 전차/70(V)형의 흔적은 거의 찾아볼 수 없을 지경이다.

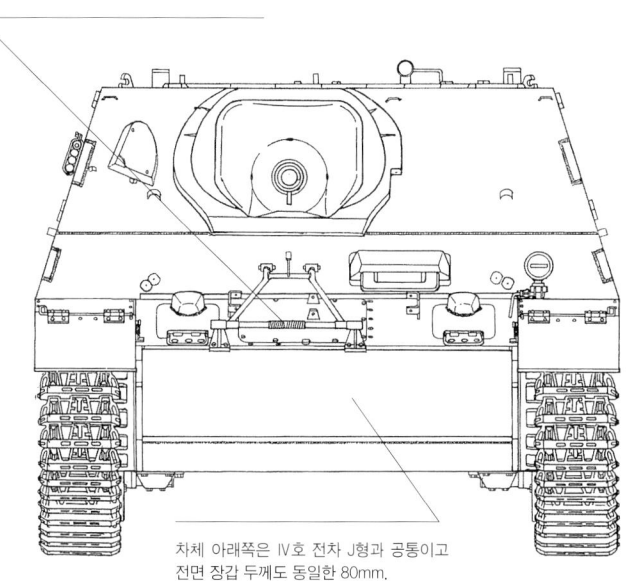

트래블링 클램프는 알케트에서 설계한 파이프 구조에 키가 큰 형태.

차체 아래쪽은 IV호 전차 J형과 공통이고 전면 장갑 두께도 동일한 80mm.

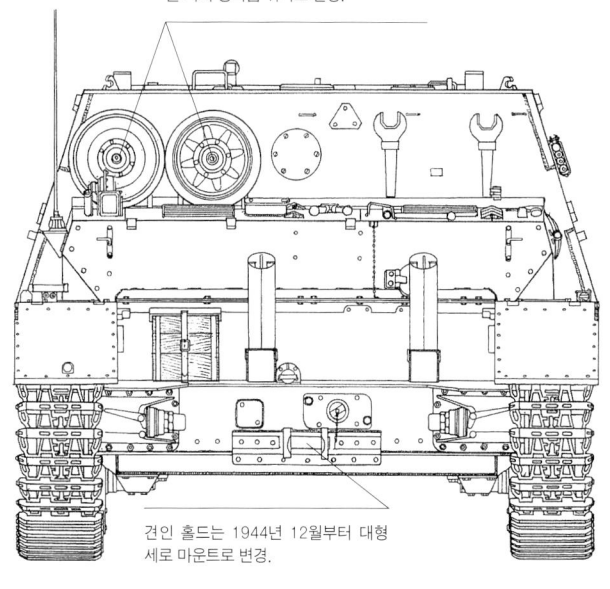

예비 보기륜 랙은 전투실 뒷면으로 이설. 다른 차외 장비품 위치도 변경.

견인 홀드는 1944년 12월부터 대형 세로 마운트로 변경.

1944년 11월부터 탄약수 해치에 잠망경이 딸린 폴 마운트와 90도 곡사 총신을 장비(일부 차량은 미장비).

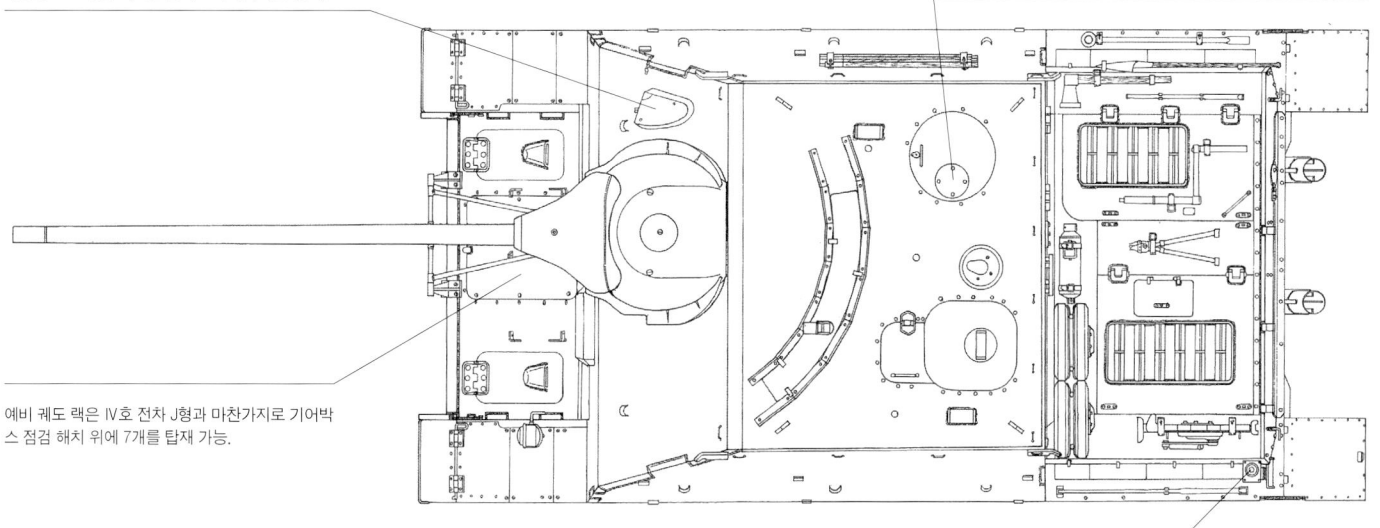

기관총 포트 장갑 커버는 알케트의 독자적인 형태.

예비 궤도 랙은 IV호 전차 J형과 마찬가지로 기어박스 점검 해치 위에 7개를 탑재 가능.

안테나 포트는 IV호 전차 J형과 같은 곳에 있다.

▲프랑스 소뮤아 기갑 박물관이 소장한 IV호 전차/70(A). 1944년 12월에 자유 프랑스군 제3 보병사단 '알제리아'가 노획, 전후에도 프랑스군이 운용했다. 차체 번호는 120539.

▲소뮤아 차량은 현존하는 유일한 IV호 전차/70(A)라는 귀중한 존재. 차체 오른쪽의 전투에 의한 대미지도 그대로 유지한 채 보존하고 있다.

▲1945년 3월, 오스트리아 헝가리 국경에서 소련군 포병부대가 격파한 독일군 전투 차량들. IV호 전차/70(A)는 차체 앞부분에 예비 궤도를 탑재했다. 뒤에는 판터 전차 A형 등이 보인다.

◀유기된 차량 번호 '925'번 IV호 전차/70(A)에 올라탄 소련군 병사와 체코슬로바키아 시민. 제24 장갑 사단 소속이라고 전해진다. 차체 측면에는 철망형 쉬르첸을 장비하기 위한 쉬르첸 걸이 브라켓이 남아 있다.

◀정면에서 본 소뮤아 차량. 차체 아래쪽은 Ⅳ호 전차 J형과 거의 동일. 트래블링 클램프는 장착 베이스만 남아 있다.

▲전투실을 오른쪽에서 본 모습. 전투실 앞면 위쪽과 아래쪽, 차체 윗면에 피탄 흔적이 있고, 장갑판에 금이 가고 용접이 떨어졌다. 기관총 포트 장갑 커버는 없어졌다.

▲포방패와 맨틀릿 우측면. Ⅳ호 구축전차와 Ⅳ호 전차/70(V)에서 볼 수 있던 숫자가 없는 걸 보면, Ⅳ호 전차/70(A) 전용 부품이 아닐까도 싶다.

▲왼쪽에서 본 포방패 주변. 조종수 전면의 시찰구는 Ⅳ호 전차 J형과 공통이며, 이 차량에서는 위아래로 움직이는 장갑 블록이 닫힌 상태로 되어 있다.

▲전투실 우측면. 측면 장갑 두께는 Ⅳ호 전차/70(V)와 같은 40mm지만 높이가 더 높아졌기 때문에 각도가 60도에서 71도로 변경됐다.

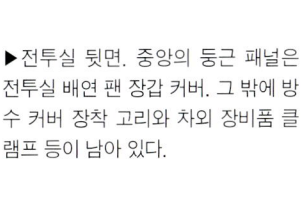

▶전투실 뒷면. 중앙의 둥근 패널은 전투실 배연 팬 장갑 커버. 그 밖에 방수 커버 장착 고리와 차외 장비품 클램프 등이 남아 있다.

▲전투실 오른쪽 피탄 자국. 정면과 측면을 용접해서 붙인 부분이 결손됐고, 그 틈새로 7.5cm Pak 42 L/70포의 꼬리가 보인다. 이 부분에 대구경 유탄이 명중한 충격으로 장갑판이 갈라지고 용접한 부위가 떨어졌다.

▲전투실 오른쪽 윗부분에 용접된 발톱 모양 강판은 전투실에 뭔가를 매달 때 사용하는 고리. 그 앞뒤에 방수 커버 장착용 고리도 용접되어 있다.

▲차체 전면 오른쪽의 피탄 흔적. 포탄 세 발이 명중해서 두 발은 관통, 한 발은 장갑에 박혀 있다. 장갑 두께는 전투실 아래쪽 전면이 80mm/81도, 차체 앞부분 위쪽은 20mm/18도.

▲오른쪽에서 본 피탄 흔적. 전투실 아래쪽 앞면 틈새에 있는 작은 구멍은 리벳 고정 구멍인데, 리벳 자체는 없어졌다.

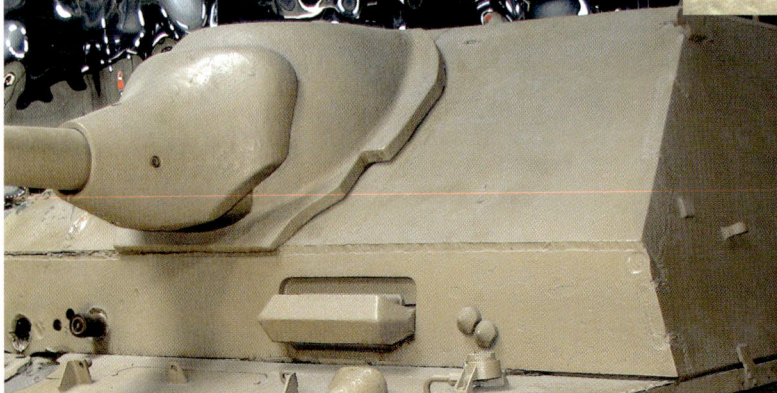

◀전투실 앞면 왼쪽. IV호 전차/70(A)에서는 조종수 잠망경이 없어졌지만, 맨틀릿의 잘라낸 부분은 IV호 전차/70(V)와 마찬가지로 존재한다.

▶ 차체 앞면. 전투실 아래쪽 앞면 왼쪽에 돌출된 리벳이 남아 있다.

▲ 1945년 5월 6일, 체코슬로바키아 흐노지세 마을에서 전투 중에 격파당한 IV호 전차/70(A). 이 차량은 안테나를 증설한 지휘 차량이고, 제17 장갑 사단 제39 전차연대 소속으로 보인다. 이 차량은 1944년 10~12월 무렵의 IV호 전차 J형 후기 생산차와 마찬가지로 차체 앞쪽의 견인 홀드가 아이 플레이트 방식으로 바뀌었다. 오른쪽 측면에 파이프형 쉬르첸 걸이를 장비.

◀ 차체 앞면 오른쪽. 앞쪽 윗면의 브레이크 점검 해치는 새로 만든 것이고 경첩 부분도 오리지널과 다르다. 펜더 앞쪽 끝부분의 가동부도 오리지널이 아니다.

▲ 차체 앞면 왼쪽. 브레이크 점검 해치, 기어박스 점검 해치는 IV호 전차 J형과 공통. 왼쪽 펜더 위에는 전조등 소켓이 있다. 궤도는 경량형 궤도를 장착.

▶ 차체 왼쪽 측면. 전투실 앞면과 측면의 장갑판을 짜맞추고 용접한 모양이 잘 보인다.

▶차체 왼쪽 전방. IV호 전차의 차체를 그대로 유용했기에 부득이하게 전투실이 높아져서, IV호 전차/70(A)는 전고가 전용 차체를 사용한 IV호 전차/70(V)보다 약 35cm 높아졌다.

▲오른쪽 기관실 측면과 전투실 뒷면. 각 부분에 차외 장비품 홀더와 브라켓은 남아 있지만 차외 장비품은 없다. 전투실 뒷면 중앙부에는 지휘관 차량용 추가 안테나 포트 증설구가 있는데, 일반적으로는 사진에서처럼 삼각형 강판으로 막혀 있다.

▲기관실 측면 오른쪽 확대. 이 부분도 IV호 전차 J형을 답습했다. 윗부분의 가느다란 판 스프링의 힘으로 흡기구 뚜껑을 개폐하는 것은 IV호 전차와 같은 구조. 측면의 홀더는 삽 고정용으로 추정된다.

▲81페이지 사진과 같은 흐노지세 마을에서 격파당한 IV호 전차/70(A). 전투실 뒷면 중앙에 증설 안테나 장갑 커버를 확인할 수 있다. 뒷면 견인 홀드는 대형 견인구를 장착했다. 통 모양 소염 머플러는 굵고 짧은 타입을 장착.

▲차체 뒷면. 머플러는 가늘고 긴 타입 소염 머플러 2개를 장착. 위쪽의 예비 궤도 랙은 기관실 뒤쪽 끝에 용접한 3개의 고리이며, 뒷면판에는 견인 케이블을 거는 L자 모양 고리가 좌우에 달려 있다. 펜더 좌우 가동부는 새로 만든 것.

◀소염기 머플러를 위에서 본 모습. 내부에 핀이 용접되어 있다.

◀통 모양 소염형 머플러. 가늘고 긴 타입과 굵고 긴 타입이 있는데, 이 머플러는 가늘고 긴 타입. 아래 중앙의 견인 홀드는 통상 타입.

▲차체 뒷부분을 오른쪽에서 본 모습. 예비 궤도 랙, 견인 케이블 고리, 소염 머플러 장착 각도 등을 잘 알 수 있다. 위쪽 끝에서 늘어트린 체인은 감아놓은 견인 케이블을 중앙에서 잡아주기 위한 것.

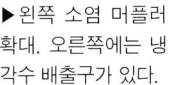

▶왼쪽 소염 머플러 확대. 오른쪽에는 냉각수 배출구가 있다.

▲왼쪽 유동륜 기부. 위아래에 리브가 없는 후기 타입을 장착했다. 왼쪽 펜더 위에 있는 후미등(차간 표시등)은 케이스만 남아 있고 라이트 부분 등은 없어졌다.

▲차체 뒷부분 왼쪽. 기관실 왼쪽 측면 뒤쪽 끝부분에는 IV호 전차 H형부터 장비하기 시작한 안테나 기부가 있는데, IV호 전차/70(A)에서도 여기를 사용했다.

▲차체 뒷부분 윗면. 기관실 윗면의 냉각수 주입 커버는 상자 모양. 안쪽에 세로로 배치하기 위한 예비 보기륜 홀더, 왼쪽에 잭 고정용 클램프, 오른쪽에 와이어 커터 브라켓 등을 확인할 수 있다.

▲전투실 뒷면과 기관실 윗면. 전투실 윗면 아래쪽에 있는 예비 안테나 로드용 홀더는 IV호 구축전차와 IV호 전차/70(V)와는 장착 위치가 좌우로 반대쪽.

▲차체 뒷면. 예비 궤도 고리는 1944년 여름 무렵까지 니벨룽겐 제작소의 IV호 전차 J형에 설치했던 것과 같다.

◀오른쪽 기동륜. 궤도는 경량형 궤도를 장착했고, 모양과 패턴을 잘 확인할 수 있다.

▲왼쪽 기동륜. 센터 허브는 단순한 너트 고정이고, 너트 2개마다 와셔가 들어가 있다.

▶오른쪽 구동부. 보기륜은 앞쪽 4개가 강재, 뒤쪽 4개는 고무 림 타입. 위쪽 보기륜은 초기 타입을 장착했다(75페이지 참조).

▲오른쪽 유동륜. 주조 타입을 장착. 당시의 전장 사진에서는 많은 IV호 전차/70(A)가 이 유동륜을 장착했다는 것을 확인할 수 있다.

▲오른쪽 유동륜 주변. 견인 아이 플레이트는 없고 1944년 12월 무렵까지의 IV호 전차 J형과 같은 견인 고리를 장착했으며, 그 아래쪽에는 1945년 2월 무렵부터 IV호 전차 J형에서 도입한 궤도 이탈 방지판이 용접되어 있다.

▲오른쪽 제1, 제2 보기륜. 강재 보기륜은 한쪽에 4개를 장착했는데, 차량에 따라서는 장착하지 않았거나 3개만 장착한 것 등등 다양하다. 서스펜션 보기는 위쪽에 장착 구멍이 없는 타입.

▲오른쪽 보기륜. 강재와 고무 림을 앞뒤로 4개씩 장착. 강재 보기륜이 고무 림 타입보다 폭이 약간 좁다는 걸 알 수 있다. 제5, 6 보기륜의 서스펜션 보기는 위쪽에 장착 구멍이 있는 타입.

▲오른쪽 구동부 뒤쪽. 강재 위쪽 보기륜은 4개지만, 기부가 기존의 주조 일체형이 아니라 1945년 4월 무렵부터 IV호 전차 J형에 도입한 용접 조립식이라는 점에 주의.

▶피탄 흔적을 통해서 본 차체 내부. 7.5cm 포 포미, 안전판, 천장에는 근접 방어 병기, 차장 해치 개폐 암 등이 보인다.

5장 IV호 돌격포
Sturmgeschütz IV (Sd.Kfz.167)

III호 돌격포 G형의 생산이 지연되자 구원 타자로서 급하게 태어난 IV호 돌격포는 신뢰성 높은 대전차 자주포로 활약했고, IV호 구축전차와 IV호 전차/70 등과 병행해서 종전 때까지 계속 생산됐다.

해설/타케우치 키쿠오

Description : Kikuo Takeuchi
Photos : Przemyslaw Skulski, Ryuichi Mochizuki, Janusz Bargiel, Paweł Suchorski, Radio Kielce, Muzeum Orla Bialego, Robert Modelarz, Jacek Szafranski, Wojskowe Zaklady Motoryzacyjne, Konstantin Popov, Yuri Pasholok, nikarios.livejournal.com, AAAM, Bundesarchive, IWM, NARA, US Army

【IV호 돌격포 성능 제원】
전장 : 6,700m
전폭 : 2,950m
전고 : 2,200m
최저 지상고 : 0.400m
중량 : 25.9톤
승무원 : 4명 (차장, 포수, 탄약수, 조종수)
무장 : 7.5cm StuK 40 L/48
　　　　탄약 61~87발
　　　7.92mm MG 34 또는 MG 42 1정
엔진 : 마이바흐 HL 120 TRM
　　　V형 12기통 수냉 가솔린 엔진
최대 출력 : 265마력
트랜스미션 : ZF S.S.G.76
　　　　　　전진 6단, 후진 1단
최고 속도 : 38km/h (도로)
평균 속도 : 도로 25km/h, 야지 15km/h
연료 탱크 용량 : 450리터
항속거리 : 도로 220km, 야지 130km
차체 장갑 두께 : 80~10mm
전투실 장갑 두께 : 80~10mm

▲공장이 폭격당하면서 빈틈 우연처럼 생산이 시작된 IV호 돌격포는 III호 돌격포 G형과 함께 열세인 전선에서 위력을 발휘했고, 종전까지 생산이 계속됐다.

IV호 돌격포의 생산과 개수

IV호 돌격포(Sturmgeschütz IV, Sd.Kfz. 167)는 1943년 12월부터 1945년 4월까지의 생산 기간 동안 니벨룽겐 제작소/알케트에서 30량, 크루프 그루존 제작소에서 1111량, 합계 1141량을 생산했다. 크루프 그루존 제작소는 IV호 전차 H형 생산을 종료하고 IV호 돌격포에 전념했지만, 니벨룽겐 제작소는 1944년 1월에 IV호 전차 차체를 알케트에 납품하고, 알케트에서 전투실 등의 상부 구조물을 가장하는 형태로 30량을 제조했다.

생산 초기에는 IV호 전차 H형의 차체에 III호 돌격포 F/8형(훗날 G형)의 상부 구조물을 탑재해서 제조했다. 제조 과정에서 IV호 전차와 IV호 돌격포 중 어느 쪽에 사용할지 확실하지 않았기 때문에, 크루프 그루존 제작소에서는 8발이 들어가는 탄약 상자를 새로 설계해서 어느 쪽을 제조해도 대응할 수 있게 했다.

1944년 3월, IV호 돌격포로 개조하면서 불필요해진 포탑 선회용 DKW 발전 엔진의 빈 공간에 연료 탱크를 증설했다. 이것은 6월 이후에 IV호 전차 J형에도 도입했다. 또한 3월에는 마찬가지로 불필요해진 무전수석 아래의 차체 바닥 탈출 해치를 용접해서 막았다. 또한 III호 돌격포 G형과 마찬가지로 전투실 지붕 오른쪽의 탄약

▼1944년 5월, 이탈리아에서 영국군이 노획해서 조사하는 IV호 돌격포. 차체에는 치메리트 코팅이 되어 있다. 조종수 구역에는 두꺼운 콘크리트 장갑을 입혔고, 전투실 위쪽에도 예비 궤도를 다수 장착하는 등의 방법으로 방어력을 높였다.

▲1944년 5월 17일~18일, 이탈리아의 피냐타로 마조레와 폰테코르보 사이 가도에서 제48 캐나다 하이랜더 연대가 격파한 IV호 돌격포. 제90 기갑 척탄병 사단 제190 전차대대 소속으로 보인다. 전투실 오른쪽 전면 장갑에 볼트로 고정하는 증가 장갑을 장착.

수 해치 앞쪽의 방패 달린 기관총 거치대를 실내에서 조작할 수 있는 원격 방식으로 변경. 이에 따라 탄약수 해치도 앞뒤 2개로 열리는 문에서 좌우 2개로 열리는 방식으로 변경됐다.

1944년 4월부터 전투실 주포 오른쪽의 두께 30mm 증가 갑판을 폐지하고, 80mm 한 장으로 변경되었다.

1944년 5월에는 전투실 지붕 오른쪽에 근접 방어 병기용 개구부가 설치되었지만, 9월 이후에는 장비가 보류되면서 둥근 뚜껑으로 폐쇄했다.

1944년 6월, IV호 전차 J형과 마찬가지로 C자 견인 샤클이 S자 샤클로 변경됐다. 이후에는 30톤 이하 전차에 S자 견인 샤클 장비가 표준화되었지만, 실차 사진을 보면 철저하게 지켜지지는 않은 것 같다.

1944년 6월, 주포 내부 잠금 기구를 개정해서 고정 위치를 0도에서 12도 앙각을 주는 것으로 변경됐다. 6월 중순에는 전투실 지붕 앞쪽 중앙, 오른쪽 탄약수 해치 후방, 왼쪽 차장 큐폴라 뒤쪽의 세 곳에 2톤간이 크레인 설치용 필츠를 장착하기 시작했다. 그리고 장갑 강화로서 조종수 구역에 30mm 증가 장갑판을 추가, 그리고 40~50도 경사각을 준 증가 장갑을 전투실과 차체 앞면에 장착했다. 차량에 따라서는 전투실 앞면 좌우에 콘크리트를 바른 경우도 있었다.

1944년 7월 무렵부터 조종수 잠망경에 빗물 막이 바이저가 추가됐다.

1944년 9월, 차체 양쪽 측면 쉬르첸을 얇은 강판에서 와이어 메쉬(철망) 쉬르첸으로 변경했다. 이것은 IV호 전차 J형, IV호 전차/70(A) 등에서도 마찬가지로 도입했다. 그리고 같은 시기에 공장에서의 치메리트 코팅 도포가 폐지됐다. 1944년 10월부터 필츠 설치 위치가 전투실 지붕 네 귀퉁이와 중앙까지 총 5곳으로 변경됐다.

1944년 11월, IV호 전차 J형과 IV호 전차/70(V) 등과 마찬가지로 통 모양 소염형 배기관 2개가 도입됐다. 그리고 차체 앞부분에 이동 시에 주포를 고정하기 위한 트래블링 클램프 장착이 시작됐다.

1944년 12월, 생산 간이화를 위해 차에 앞뒤에 있던 견인 홀드를 폐지하고 차체 측면 장갑판을 튀어나오게 하는 아이 플레이트 방식 견인 홀드로 변경했다. 그리고 IV호 전차 J형에서는 1944년 6월, IV호 전차/70(V) 등에서는 1944년 10월에 이미 변경된 것처럼, 위쪽 보기륜을 3개로 변경했다.

전후 체코슬로바키아에서는 자국 영내에서 접수한 독일군 IV호 전차를 리빌드해서 'T-40/75'라는 명칭으로 약 150량을 자국군에서 운용하고 시리아에도 수출했는데, 이런 리빌드 차량 중에는 IV호 돌격포의 차체를 역개수해서 전차형으로 만든 차량도 존재했다.

▲1944년 4월, 벨라루스 핀스크에서 행군 중인 제177 돌격포 여단 소속 IV호 돌격포. 전투실 지붕, 차체 앞쪽 윗면 등에 콘크리트 장갑을 발랐다. 브레이크 점검 해치와 기어박스 점검 해치 부분은 개폐를 고려해서 홈을 파냈다. 차체 측면에도 쉬르첸을 장착.

▲1944년 6월, 노르망디 상륙작전 때 격파돼서 노상에 방치된 IV호 돌격포. 탄약수용 기관총 방패는 개구부가 넓은 MG42용. 유동륜은 주조 타입을 장착.

▶1944년 4월, 그리스 테살로니키 가로를 행진하는 IV호 돌격포. 차체 앞면 장갑판은 통상적인 80mm보다 두꺼운 장갑을 장착한 것 같다.

IV호 돌격포 초기 생산차

1943년 12월부터 생산을 개시한, 치메리트 코팅을 도포한 IV호 전차 H형과 같은 원통형 머플러를 장착한 약 770량의 차량을, 이 책에서는 '초기 생산차'로서 해설한다.

◀오스트리아 육상 병기 박물관(AAAM)에서 주행 가능한 상태로 복원한 IV호 돌격포. 특정 차량의 복원이 아니라 IV호 돌격포, III호 돌격포, IV호 전차의 오리지널 부품을 모아서 초기 생산차로서 만들었다.

▶복원 작업 중인 AAAM 차량. 레드 옥사이드 프라이머 위에 치메리트 코팅을 도포했다.

▲복원을 완료해서 실내 전시 중인 AAAM 차량. 주행 가능한 상태로 보존하고 있지만, 엔진과 기어박스는 오리지널이 아니다.

▼본 차량은 독일군 제4 장갑 사단 제35 전차연대 소속으로, 1945년 2월에 폴란드 비드고슈치에서 서북쪽으로 약 50km에 있는 코미에로보 마을 늪지에 빠져서 방치된 것을 1999년에 회수했고, 박물관에서 오랜 기간 복원해서 2020년에 일반 공개했다.

▲폴란드 스카르지스코카미엔나에 있는 '화이트 이글' 군사박물관에 전시된 초기 생산차. 차량은 거의 오리지널 상태를 유지하고 있지만, 복원하면서 부족한 부품은 III호 돌격포와 IV호 전차의 부품들을 유용했다.

▶AAAM 차량 차체 앞부분. Ⅳ호 전차의 차체 앞부분과 Ⅲ호 돌격포의 전투실 사이의 갭을 메우기 위한 장갑 패널을 장착했다는 것을 알 수 있다.

▲전투실을 오른쪽 전방에서 본 모습. 제조 공장이 같았기에 전투실 구성과 사양은 같은 시기에 알케트에서 제조했던 Ⅲ호 돌격포 G형과 같다.

▲주포는 7.5cm StuK 40 L/48포를 탑재. 포신 길이는 Ⅳ호 구축전차와 같지만, 탑재 위치가 달라서 주포를 포함한 차체 전장은 Ⅳ호 돌격포가 15cm 짧다. 그리고 Ⅳ호 돌격포에서는 머즐 브레이크를 제거하고 사격하는 것을 금지했다.

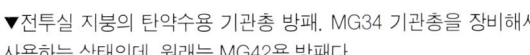

◀주포 기부와 포방패 연결부를 위에서 본 모습. 이 부분은 보통 방수 커버 등으로 덮였는데, 포방패 뒤쪽 끝부분에 커버를 장착하기 위한 고리 세 개가 보인다.

▲위에서 본 전투실 앞면. 주포 방패는 1943년 11월부터 알케트에서 도입한 주조제 포방패 'Topfblende'를 장착. 오른쪽의 앞면 장갑판은 50mm 장갑에 30mm 증가 장갑판을 볼트로 덧댔다.

▼전투실 오른쪽을 뒤쪽에서 본 모습. 윗면의 탄약수 해치는 앞뒤 개폐 방식. 오른쪽 측면에는 2단식 예비 궤도 랙, 쉬르첸 걸이 등이 보인다.

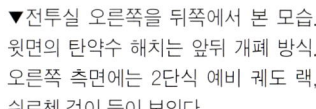

▼전투실 지붕의 탄약수용 기관총 방패. MG34 기관총을 장비해서 사용하는 상태인데, 원래는 MG42용 방패다.

▲스카르지스코카미엔나 차량의 차체 앞부분. 포방패를 제거한 상태이며 7.5cm 포 윗부분의 주퇴기 등이 보인다. 1944년 4월부터 전투실 앞면 오른쪽 장갑판이 두께 80mm 홑겹 구조가 되었다.

▲복원을 위해 차체에서 분리한 전투실을 오른쪽에서 본 모습. 앞면 장갑판 측면과 측면 장갑판 뒤쪽 끝에 견인용 고리가 용접되어 있다.

▶견인 고리에 체인을 걸어서 전투실을 옮기는 작업 중. 전방 오른쪽 패널과 왼쪽의 조종수 구역은 전투실에 이어져 있다.

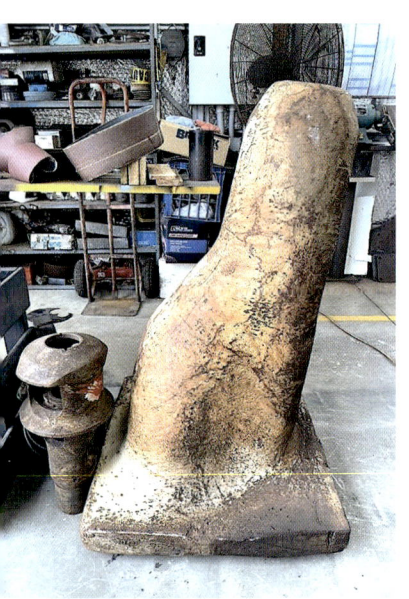

▶전투실에서 분리한 7.5cm StuK 40 L/48포. 앙각 조절 핸들은 분리했지만 포방패는 포가에 장착되어 있다.

◀AAAM 차량에서 분리한 포방패와 머즐 브레이크. 포방패 표면은 약간 거친 마감. 2단식 머즐 브레이크는 앞부분이 타원, 뒷부분이 원형인 타입.

▲스카르지스코카미엔나에서 단독으로 전시하는 'Topfblende'(항아리형 포방패). 특유의 모양 때문에 '자우코프(Saukopf)'(돼지 머리)라고도 부른다. 장갑 두께는 80mm이며, 기존 상자형 포방패보다 높은 방어력을 지녔다.

▶항아리형 포방패 뒤쪽. 상하좌우 네 곳에 볼트로 고정한 U자형 브라켓으로 포가에 고정한다(89페이지 참조).

◀AAAM 차량 차체 뒷부분을 오른쪽 후방에서 본 모습. 전투실 지붕 오른쪽의 탄약수 해치, 왼쪽 차장 큐폴라는 열린 상태. 차고가 왼쪽의 IV호 전차/70(V)보다 높지만, 오른쪽의 IV호 전차 J형보다는 훨씬 낮다는 걸 알 수 있다.

▲전투실 지붕 오른쪽. 차장 큐폴라 전방에 삼각형 도탄 블록을 설치. 볼 베어링이 부족해서 고정식 큐폴라를 사용했지만, 1944년 9월부터 회전식으로 돌아왔다. 그 전방의 슬라이드식 패널은 포수용 Sfl.Z.F.1a 조준기용 패널.

▲큐폴라 오른쪽. 사각형 구멍은 잠망경을 제거한 자리. 해치 경첩을 제외한 7방향을 볼 수 있다.

◀후방에서 포수 조준기 슬라이드식 패널을 본 모습. 선회각이 좌우로 10도이기 때문에, 조준기 가동 범위도 좁다.

◀차장 큐폴라 윗면을 오른쪽에서 본 모습. 전방에는 Sf.14Z 쌍안식 포대경 장착 브라켓이 있고, 해치를 닫은 상태에서도 사용할 수 있도록 차장 해치 전방에 별도로 개폐 가능한 사다리꼴 해치가 있다.

▲왼쪽 후방에서 본 차장 큐폴라. 기부는 원통형이며 전방에 주조제 도탄 블록을 장착했다.

▲전투실 지붕 오른쪽에 설치된 탄약수용 기관총 방패 안쪽. 방패 위아래에 기관총 기부를 끼우기 위한 슬롯이 있어서 통상 사격 때는 아래쪽 슬롯, 대공 사격 때는 위쪽 슬롯을 사용한다.

▼복원한 AAAM 차량을 전방에서 본 모습. 차체와 펜더에 완비한 쉬르첸 걸이 등, 꼼꼼하게 복원했다.

▲복원 중인 AAAM 차량 앞부분. 전투실 이외의 부분은 기본적으로 IV호 전차 H/J형을 답습했다.

▲스카르지스코카미엔나 차량 차체 앞부분. 전면 장갑판 두께는 80mm이며 측면과 윗면은 1943년 12월부터 IV호 전차 H형 후기 생산차에서 도입한 것처럼 용접으로 고정했다. 궤도는 IV호 전차/70(V)에서 사용한 경량형 궤도를 장착.

▲스카르지스코카미엔나 차량의 조종수 구역. 앞면은 80mm 장갑판을 용접, 지붕에는 승강용 해치와 좌우 2기의 잠망경을 설치.

▲전투실을 제거한 차체. 이 상태에서는 IV호 전차 H/J형과 다를 게 없어서, 실제로 전후에 체코슬로바키아에서는 IV호 돌격포의 차체를 이용한 전차형을 제조했다.

▲오른쪽 전방에서 본 차체 하부. 복원 중이기 때문에 기동륜과 보기륜 등의 부품을 제거했다.

▲스카르지스코카미엔나 차량 왼쪽 브레이크 점검 해치. 냉각구와 해치 경첩 사이에 용도를 알 수 없는 원형 장착 브라켓을 확인할 수 있다.

▲주행 전시 중인 AAAM 차량. 도색은 다크 옐로, 다크 그린, 레드 브라운 3색을 사용한 얼룩무늬 위장.

◀AAAM 차체 앞쪽 윗면. 앞면에 10개, 윗면에 7개를 장착할 수 있는 예비 궤도 랙은 IV호 전차 J형과 공통.

▶전면 장갑판 좌우에 리벳으로 고정한 견인 홀드. 좌우 모두 안쪽으로 향해 있다. 앞면 예비 궤도 랙은 이 아래에 볼트로 고정했다.

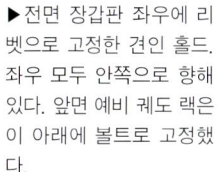

▲AAAM 차량의 조종수 구역 정면. 표면에 치메리트 코팅을 재현했다. 잠망경은 장갑 커버만 남아 있는데 오른쪽은 정면, 왼쪽은 약간 왼쪽으로 향해 있다.

▲조종수 구역 왼쪽. 치메리트 코팅이 없는 부분은 오리지널 부품의 마킹이 남아 있다.

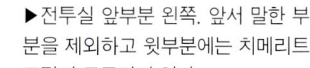
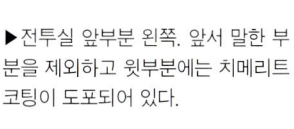
▶전투실 앞부분 왼쪽. 앞서 말한 부분을 제외하고 윗부분에는 치메리트 코팅이 도포되어 있다.

▲개방 상태의 조종수 구역 해치. 경첩 앞뒤 두 곳에 해치 스토퍼가 있고, 앞쪽에 스프링식 버튼으로 고정할 수 있는 잠금 기구가 있다.

▲AAAM 차량 차체 정면. 예비 궤도 랙은 풀 장비, 전조등과 차외 장비품도 장착해서 쉬르첸 외에는 거의 대부분의 장비를 갖췄다.

▲오른쪽에서 본 전조등. 전원 코드가 드러나 있는데, 원래는 앞쪽 윗면의 장갑판에서 파이프를 통해 차 내부로 연결된다.

◀왼쪽 펜더 위에 장착한 보쉬 타입 관제 전조등과 소화기. 그 뒤쪽에는 궤도 조정용 렌치가 있다.

▼패널 중앙의 주포 아래쪽에 장착한 트래블링 클램프. 주포는 부앙각 0도로 고정된다. 사용하지 않을 때는 옆으로 눕혀놓는다.

▲오른쪽에서 본 차체 앞부분. 중앙에 포신용 트래블링 클램프, 오른쪽 펜더 위에 시동 클램프와 도끼, 패널 오른쪽에 C자 샤클이 달려 있다.

◀조종수 구역 윗부분. 조종수 해치를 통해 빗물이 내부로 들어오는 것을 막기 위해, 후방 경사 부분에는 비스듬하게 빗물 막이가 설치되어 있다.

▲AAAM 차량의 펜더 왼쪽. 전투실 옆의 펜더 위에 와이어 커터가 있다.

▲전투실 왼쪽 측면에는 예비 보기륜 랙을 설치. 이 랙은 IV호 전차 H형에 도입한 것을 그대로 유용했는데, 펜더와 간격을 두고 설치했다.

▲후방에서 본 예비 보기륜 랙. 쉬르첸을 거는 삼각형 판이 다수 달린 쉬르첸 걸이와 스테이는 예비 궤도 랙을 피해서 차체에 장착되어 있다.

▲차체 뒷부분 기관실 왼쪽 측면. IV호 전차 계열 차량에 반드시 장비된 펜더 위쪽의 흡배기구를 막는 뚜껑은 복원하지 않았다.

▲복원 중인 AAAM 차량 왼쪽 측면. 서스펜션 보기 등을 장착하기 전에 차체의 치메리트 코팅 도포를 완료했다.

▲주행 중인 AAAM 차량 왼쪽 측면. 전투실 등의 윗부분은 물론이고 구동부 안쪽 차체에도 위장 도장을 했다.

◀복원 중인 스카르지스코카미엔나 차량의 차체 하부. 제7, 8 보기륜 위쪽에 대미지 흔적이 있다. 보기륜 서스펜션 보기는 위쪽 볼트 2개가 생략된 타입인데, 볼트 구멍이 있는 것과 없는 것이 섞여 있다.

▲주행 중인 AAAM 차량 우측면. 보기륜은 전부 주조 타입 허브 캡을 지닌 고무 림 타입을 장착.

▶주행 전시를 마치고 구동부 세정을 끝낸 상태. 조종석 잠망경을 상비하시 않아서 박불관 스태프가 해치 밖으로 머리를 내밀고서 조종하고 있다.

▼차체 앞부분 오른쪽에 탑재된 차외 장비품들. 오른쪽 펜더에 시동 크랭크, 도끼, 잭을 장비. 안쪽 패널에는 C자 사클을 2개 장비. 펜더의 쉬르첸 걸이는 제일 앞에 하나만 삼각형이고 나머지는 L자 모양 금속 띠를 장착했다.

▲전투실 우측면 예비 궤도 랙. 상하 2단으로 총 6개의 예비 궤도를 세트 가능. IV호 전차 J형에서 1944년 8월부터 장비한 2단식 예비 궤도 랙을 유용한 것으로 보인다.

▶후방에서 본 차체 우측면. 쉬르첸 걸이와 스테이가 잘 보인다. 안테나 포트는 III호 돌격포 G형과 마찬가지로 전투실 뒷면 좌우에 두 개가 있다.

◀차체 우측면 뒷부분. 기관실 측면에는 삽, 펜더 윗면에는 궤도 조정용 쇠지레를 장비했다.

▲복원 중인 AAAM 차량 차체 우측. 위쪽 보기륜 기부는 주조 타입, 서스펜션 보기의 범프 스토퍼도 구형을 장착했다.

▲차체 오른쪽을 뒤쪽에서 본 모습. 플립식 펜더도 잘 복원했다. 차체 측면 뒤쪽 끝에는 견인 고리를 용접.

◀복원 전의 스카르지스코카미엔나 차량의 차체 우측면. 펜더와 차외 장비품 브라켓 등의 자잘한 부품은 전부 없어졌다. 보기륜은 전부 프레스 허브 캡이 달렸고, 위쪽 보기륜은 제2 보기륜 외에는 센터 허브가 간략화된 타입.

▼잭과 장착 클램프. 나비 너트로 고정한다. 후방 전투실은 80mm 홑겹으로 구성된 전면 장갑판에 주의.

◀복원된 스카르지스코카미엔나 차량의 차체 우측면. 오른쪽 펜더를 재생했는데, 잭 등의 장비 위치가 맞는지는 불명. 위쪽 보기륜은 배치가 바뀌기는 했지만, 세 개는 허브 타입이 간략화된 상태 그대로.

▼차체 오른쪽 뒷부분. 기관실 흡배기구 옆 펜더에 궤도 조정용 쇠지레를 장비했다.

▲전투실 뒤쪽 끝 옆의 펜더 위 클램프에 장비한 C자 샤클 2개. 전투실 하단과 펜더 사이의 틈새는 얇은 패널로 막아두었다.

◀주행 전시 중간에 휴식 중인 AAAM 차량. 차체 뒷면 윗부분 좌우에는 견인 케이블을 걸기 위한 L자형 고리가 달려 있다.

▼펜더 가동부에도 치메리트 코팅을 시공. 원통형 머플러는 아마도 박물관에서 새로 만든 것.

▼차체 후방에서 기관실 지붕, 전투실 뒷면을 본 모습. 전투실 뒷면의 둥근 판은 환기 팬 장갑 커버. 기관실 좌측 점검 패널은 사다리끌 냉각수 주입 거버를 달아놓있는데, 오른쪽 점검 패널은 IV호 전차 J형에서 도입한 손잡이가 2개 배치된 타입.

▲뒷면의 원통형 머플러 확대. 위쪽 배기관에는 압력 밸브 같은 것이 달려 있다.

▲뒷면 왼쪽 견인 고리 브라켓. 견인 고리는 펜더 뒤쪽 끝 가동부에 숨겨져 있다.

▲왼쪽 펜더 뒷부분의 후미등(차간 표시등). 통상적인 각진 타입을 달았다. 펜더 뒤쪽 끝부분 플립용 스프링이 보인다.

▲스카르지스코카미엔나 차량 차체 뒷부분. 이 차량도 원통형 머플러를 새로 만들었다. 좌우 펜더도 새로 만든 것을 장착.

▲차체 뒷부분 확대. 후면판 왼쪽은 IV호 전차 H형까지 사용한 보조 머플러용 구멍에 둥근 장갑판을 용접했다.

▲복원 작업 중인 AAAM 차량. 치메리트 코팅 작업 중.

▲AAAM 차량 차체 뒷면 아래쪽. 견인 홀드는 통상 타입. 그 위쪽 우측에 관성 시동 장치 삽입구는 있지만, 왼쪽의 냉각수 교환장치는 존재하지 않는다.

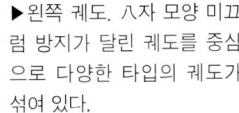
▶왼쪽 궤도. 八자 모양 미끄럼 방지가 달린 궤도를 중심으로 다양한 타입의 궤도가 섞여 있다.

▲왼쪽 유동륜 기부는 위아래에 리브가 있는 타입. 바닥면이 꺾여 있는데, IV호 전차 H형에서는 1943년 12월부터 폐지되었다.

▶오른쪽 유동륜 기부. 이 부품은 좌우 공통이고 L자 모양 조정 레버도 위아래 어느 쪽에도 장착할 수 있다.

▶AAAM 차량 기관실 윗면. IV호 구축전차 등과 다르게 기관실에는 차외 장비품이 없고 전차 타입처럼 깔끔한 상태.

▼기관실 윗면 왼쪽. IV호 J형에 준거한다면 냉각수 주입구 커버는 사다리꼴이 아니라 상자 모양이어야 하지만, 실제로는 두 가지가 뒤섞여 사용된 것 같다.

▲전투실에서 기관실 윗면 오른쪽을 본 모습. 점검 패널 후방에 있는 손잡이는 IV호 전차 J형부터 추가된 것이며 비스듬하게 달려 있다.

▲후방에서 본 기관실 윗면 오른쪽. 이 패널 밑에는 라디에이터와 라디에이터 팬이 있고, 윗면의 그릴과 측면의 배기구를 통해 열을 배출한다.

▲스카르지스코카미엔나 차량 기관실 윗면. 냉각수 주입구 커버는 사다리꼴을 장착. 점검 패널 중앙에 예비 보기륜 랙 브라켓을 용접했는데, IV호 구축전차 등에서 유용한 것으로 보인다.

◀주행 전시를 마치고 격납고로 돌아가는 AAAM 차량. 오르막을 올라가면서 엔진을 세게 돌리고 있다 보니 배기관의 압력 밸브가 열려서 배기가스를 배출하고 있다.

▲AAAM 차량의 오른쪽 기동륜. IV호 전차 H형에서 도입해서 다른 파생 차량에서도 사용했던 익숙한 타입.

▲왼쪽 기동륜. 오른쪽과는 허브 캡의 세세한 부분이 다르다.

▶주행 중인 차체 오른쪽. 2개의 예비 보기륜까지 모두, 주조 허브 캡을 장착한 고무 림 타입을 장착했다. 위쪽 보기륜은 전부 강재인데, 제3 보기륜만 스포크가 2개 있는 타입을 장착.

◀스카르지스코카미엔나 차량의 왼쪽 기동륜. 왼쪽 궤도는 여러 타입이 섞여 있다.

▲오른쪽 기동륜. 오른쪽 궤도는 경량형 궤도를 장착.

◀최종 감속기 커버를 분리한 모습. 내부에 유성 기어와 베어링 등의 메커니즘이 보인다(65페이지 참조).

▶복원 작업을 위해 왼쪽 기동륜을 제거한 상태. 최종 감속기 커버 고정 볼트도 빼냈다.

▲AAAM 차량의 오른쪽 유동륜. 파이프 용접 타입을 장착. 궤도 센터 가이드는 구멍이 있는 것과 없는 것이 섞여 있다. 차체 바닥 부분의 꺾인 모양도 잘 보인다.

▲스카르지스코카미엔나 차량의 왼쪽 유동륜. 이쪽도 파이프 용접 타입을 장착했다.

▲AAAM 차량의 왼쪽 후방 보기륜. 타이어 메이커 로고는 'CONTINENTAL', 사이즈 표기는 '470/90-359'.

▲왼쪽 제2~제4 보기륜 확대. 허브 캡 중앙의 주유 볼트는 중심에서 약간 빗겨난 위치에 있다.

▼복원을 마친 오른쪽 서스펜션 후반 부분. 보기륜 허브 캡은 프레스 타입을 장착.

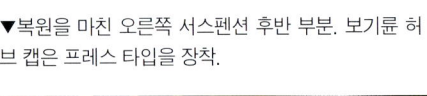

◀복원을 위해 보기륜을 분리한 스카르지스코카미엔나 차량의 오른쪽 서스펜션 보기. 범프 스토퍼는 용접 타입.

▲센터 허브가 간이화된 위쪽 보기륜. 연료 주입구 해치는 1944년 8월부터 IV호 전차 J형에서 채용했던 간이 타입.

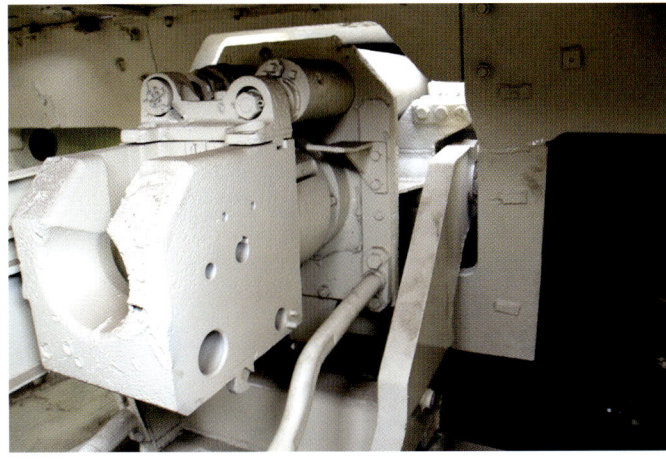
▲AAAM 차량 전투실 내부. 7.5cm StuK 40 L/48포의 포미를 오른쪽 탄약수 위치에서 본 모습.

▲7.5cm 포의 포가 아래쪽에는 좌우 선회 기구를 지닌 포좌가 있다.

▲7.5cm 포 포미와 보호판 너머로 전투실 왼쪽, 포수와 차장석 쪽을 본 모습. 조준기는 철거했다.

▲전투실 오른쪽 탄약수석 전방. 실차에서는 여기에 7.5cm 포탄 랙 등을 탑재했었다.

◀스카르지스코카미엔나 차량에서 떼어낸 포가. 7.5cm 포는 이미 철거한 상태.

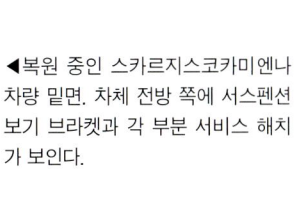
▲AAAM에서 전시하고 있는 마이바흐 HL 120 TRM 엔진. 실린더 헤드 위쪽의 캠 커버를 제거해서 내부의 캠 샤프트와 로커 암, 밸브 스프링이 보인다.

◀복원 중인 스카르지스코카미엔나 차량 밑면. 차체 전방 쪽에 서스펜션 보기 브라켓과 각 부분 서비스 해치가 보인다.

IV호 돌격포 후기 생산차

1944년 9월 이후, 치메리트 코팅을 폐지한 IV호 전차 J형과 같은 통 모양 소염 머플러를 장착한 약 370량을, 이 책에서는 편의상 '후기 생산차'로서 해설한다.

▶폴란드 포즈난 장갑 병기 박물관이 주행 가능한 상태로 소장하고 있는 후기 생산차. 소속은 제2 전차 구축 대대 '브란덴부르크' 제1 구축 연대이며, 1945년 1월 18~19일, 폴란드 그르제고제브 근교의 얼어붙은 강을 건너던 중에 침몰한 차량이었다.

▶박물관에서는 2006년에 상부 구조물, 2008년 7월에 차체를 회수해서 포즈난의 군용 자동차 공장에서 복원 작업을 거쳐, 2009년 여름에 완성하고 전시를 시작했다.

◀관내 전시 중인 포즈난 차량. 전투실 상부 원격 기관총 등, 본 차량만의 특징이 많이 존재한다.

◀러시아 모스크바 근교에 있는 아크한겔스코제(Arkhangels-koye)의 Zadorozhny's 기술 박물관에 전시된 후기 생산차.

▲아크한겔스코제 차량은 IV호 돌격포, III호 돌격포, IV호 전차 중에서 여러 차량의 부품을 모아서 만들었기에, 고증적으로는 실차 사양과 정확히 일치하지 않는 부분도 있다.

▲아크한겔스코제 차량의 차체 뒷부분. 오리지널 부품을 기본으로 하면서도 펜더 등의 각 부분에 새로 만든 레플리카 부품을 사용했다.

▶후방에서 본 오른쪽. 1944년 12월 무렵부터 위쪽 보기륜이 4개에서 3개로 감소했다.

▲포즈난 차량의 전투실 정면. 계속해서 항아리형 포방패를 장착. 트래블링 클램프는 1944년 11월 무렵부터 6도의 앙각을 가진 타입으로 변경되었다.

▶오른쪽 전방에서 본 포방패. 본 차량은 조종수와 차장용 잠망경을 완비했다.

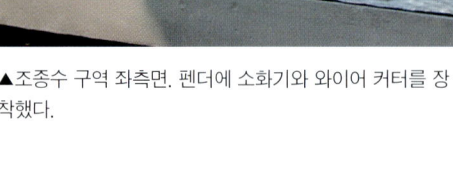

▲조종수 구역 좌측면. 펜더에 소화기와 와이어 커터를 장착했다.

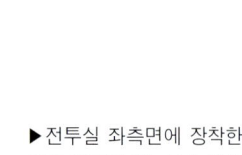

▶전투실 좌측면에 장착한 예비 보기륜 랙. IV호 전차 J형의 것을 유용했다.

▲포신 끝부분의 머즐 브레이크. 앞뒤 모두 원형인 후기 타입을 장착.

▲머즐 브레이크 정면.

▲전투실 좌측면. 전투실 아래쪽과 펜더의 틈새를 메우는 패널은 홈이 파인 너트로 고정했다.

◀전투실 지붕의 차장 큐폴라. 잠망경을 전부 장착했다. 앞면에는 도탄 블록을 용접했던 흔적이 남아 있다.

▲포즈난 차량 좌측, 조종수 구역 언저리. 조종수 해치는 해치 스토퍼를 이용해서 개방 상태로 고정했다.

▲전투실 지붕 오른쪽을 후방에서 본 모습. MG34 기관총을 장착한 선회식 원격 기관총을 설치했다. 이에 따라 탄약수 해치가 전후 개방에서 좌우 개방식으로 변경되었다.

▲전투실 좌측 뒤쪽 끝. 후면에는 안테나 포트, 윗면에는 가설 크레인 설치용 필츠가 보인다.

◀오른쪽에서 본 원격 기관총. 전투실 우측면에는 예비 궤도 랙을 장착했다.

▲후방에서 본 원격 기관총. 1944년 3월 무렵부터 탄약수용 기관총 방패를 대신해서 장비하기 시작했다.

◀오른쪽 전방에서 본 원격 기관총. 기관총 방패는 좌우로 분할된 타입. 바로 앞에 필츠가 용접되어 있다.

▲포신 끝부분 머즐 브레이크. 후기 생산차에서는 볼 수 없는 단차가 적은 타입을 장착했는데, 다른 차량에서 유용한 것으로 보인다.

◀아크한겔스코제 차량 차체 앞부분. 전투실, 포신, 포방패는 오리지널 부품을 사용한 것 같다.

◀전투실 오른쪽. 앞부분과 뒤쪽 끝에 장갑판을 짜맞추고 용접한 직사각형 자국이 있다.

▶전투실 앞부분 오른쪽. 전면 장갑판 두께는 80mm.

◀전투실 뒷면. 좌우 안테나 포트 안쪽에 있는 브라켓은 용도 불명인데, 예비 궤도 랙 고정용으로 추정.

▲약간 뒤쪽에서 본 전투실 오른쪽. 측면에는 걸이용 U자 고리를 용접. 지붕에는 탄약수용 기관총 방패를 설치. 뒷면 좌우에 안테나 포트, 중앙에 환기 팬 장갑 커버가 있다.

◀전투실 왼쪽 지붕. 도탄 블록을 설치한 차장 큐폴라와 슬라이드식 조준기 패널이 보인다.

▲오른쪽에서 본 전투실 지붕. 탄약수용 기관총 방패를 사용하지 않을 때는 앞쪽으로 넘어트려서 격납 상태로 둔다.

▲아크한겔스코제 차량 전투실 지붕 오른쪽. 탄약수용 기관총 방패 전방의 구멍은 근접 방어 병기 설치용.

▲전투실 뒷면 오른쪽 안테나 포트와 용도 불명의 브라켓. 좌우에 나비 나사가 달린 선회 가능한 막대가 있다.

▲왼쪽 전방에서 본 차장 큐폴라. 내부의 잠망경은 전부 없어졌다.

▲좌측면에서 본 차장 큐폴라. 주조제 도탄 블록 모양에 주의.

▲왼쪽 후방에서 본 차장 큐폴라. 예비 궤도 랙은 브라켓을 이용해서 장착했는데, 측면 장갑판과 랙 사이에 틈새가 있다.

▲오른쪽 후방에서 본 격납 상태의 탄약수용 기관총 방패. 구멍의 모양을 보면 MG34용 방패다.

▲좌측면에서 본 격납 상태의 탄약수용 기관총 방패. 좌우가 안쪽으로 구부러졌고, 안쪽에 삼각형 판을 용접했다.

▲오른쪽에서 본 탄약수 해치. 앞뒤로 열리는 타입이고 뒤쪽 해치 오른쪽에 잠금용 열쇠 구멍이 있다.

109

◀조종수 구역 앞면. 전방과 좌우는 두께 80mm 장갑으로 둘러쌌다.

▲포즈난 차량 조종수 구역. 해치 스토퍼 전방에 있는 잠금 기구는 고리를 걸어서 고정하는 방식이며, AAAM 차량보다 제대로 재현했다(94페이지 참조).

▲아크한겔스코제 차량 조종석 구역을 전방 위쪽에서 본 모습. 조종수 해치에 손잡이는 용접해놓았지만 해치 스토퍼에 잠금 기구가 없다.

▲약간 뒤쪽에서 본 조종수 구역. 왼쪽의 잠망경은 살짝 바깥쪽을 향해 있다.

▲뒤쪽에서 본 조종수 구역 지붕. 이 부분은 해치 경첩과 잠망경 등을 제거하고 새로 만든 레플리카일 가능성이 있다.

▲포즈난 차량 차체 오른쪽 전방. 펜더에는 시동 크랭크, 도끼, 잭 등이 갖춰져 있다.

▶차체 앞부분 윗면. 앞면과 윗면의 예비 궤도 랙에는 궤도를 풀세트, 각각 10개, 7개를 탑재 가능한 것은 IV호 전차와 같다.

110

▲전투실 우측면 예비 궤도 랙. 2단식 6개용인데, 이 차량에서는 4개를 더 추가해서 10개를 탑재했다. 오른쪽 펜더 위에는 쇠지레, C자 샤클 등을 장비했다.

▲포즈난 차량의 차체 중앙부 왼쪽. 보기륜은 예비 보기륜까지 포함해서 전부 프레스 허브 캡을 장착.

▲기관실 우측면에는 삽, 펜더 위에는 궤도 조정용 렌치 등을 탑재. 머플러는 통 모양 소염 타입을 장착했다.

▲기관실 뒷면. 위쪽 끝에는 IV호 전차 J형과 마찬가지로 예비 궤도용 고리를 3개 용접. 배기관은 통 모양 소염 머플러를 장비했다. 복원된 차량에서는 보기 드문 냉각수 배수구 캡을 장착했다.

▲아크한겔스코제 차량 차체 뒷면. 배기관은 레플리카 통 모양 소염 머플러, 배기구에 캡이 장착되어 있다. 아래쪽 견인 홀드는 1944년 12월 이후의 대형 마운트인데, 이것도 레플리카.

▲포즈난 차량 뒷면을 오른쪽에서 본 모습. 견인 케이블 고리, 예비 궤도 고리 3개, 견인 케이블을 묶는 체인 등이 보인다.

◀포즈난 차량의 상자 모양 냉각수 주입구 커버를 연 모습. 왼쪽 캡을 열고 냉각수를 보충한다.

GERMAN ANTI-TANK
SELF-PROPELLED GUN
JAGDPANZER IV/
STURMGESCHÜTZ IV

(Photo/Ryuichi Mochizuki)

〔Research & description〕

Przemyslaw Skulski
竹内規矩夫

〔Drawing〕

遠藤慧

〔Photos〕

Przemyslaw Skulski
Ryuichi Mochizuki
Balcer
Janusz Bargiel
Alf van Beem
Pierre-Olivier Buan
Jaroslaw Garlicki
Ivan Grishin
Dmitry Kiyatkin
O. Knoll/Museum Vysociny Trebic
Vitaliy V. Kuzmin
Robert Modelarz
SOkA Olomouc
George Papadimitriou
Yuri Pasholok
Jan Peters
Konstantin Popov
Wojtek Rynkowski
Harald A. Skaarup
Paweł Suchorski
Jacek Szafranski
Tomasz Szulc

Australian Armour & Artillery Museum (AAAM)
Bundesarchive
DN Models
Imperial War Museum (IWM)
Museum of Battle Glory
Muzeum Orla Bialego
Narodowe Archiwum Cyfrowe
National Armor and Cavalry Museum at Fort Benning
nikarios.livejournal.com
Panzerpicture
Patriot Park
Photonik
Radio Kielce
Russian State Archives of Movie and
Photo Documentation (RGAKFD)
Stratus Publishing
Tank Museum Bovington
U.S. Army
U.S. Signal Corps
U.S. National Archives and Records Administration (NARA)
Wojskowe Zaklady Motoryzacyjne

〔Editor〕

望月隆一
石井栄次

〔Design〕

株式会社リパブリック
今西スグル

독일 4호 구축전차 / 4호 돌격포 사진집

초판 1쇄 인쇄 2024년 7월 10일
초판 1쇄 발행 2024년 7월 15일

저자 : 하비재팬 편집부
번역 : 김정규

펴낸이 : 이동섭
편집 : 이민규
디자인 : 조세연
영업·마케팅 : 송정환, 조정훈, 김려홍
e-BOOK : 홍인표, 최정수, 서찬웅, 김은혜, 정희철, 김유빈, 서유림
관리 : 이윤미

㈜에이케이커뮤니케이션즈
등록 1996년 7월 9일(제302-1996-00026호)
주소 : 08513 서울특별시 금천구 디지털로 178, 1805호
TEL : 02-702-7963~5 FAX : 0303-3440-2024
http://www.amusementkorea.co.kr

ISBN 979-11-274-7747-9 03390

IVgou Kuchiku Sensha / IVgou Totsugekihou Shashin-shuu
©HOBBY JAPAN
Originally Published in Japan in 2023 by HOBBY JAPAN Co., Ltd.
Korea translation Copyright©2024 by AK Communications, Inc.

이 책의 한국어판 저작권은 일본 ㈜HOBBY JAPAN과의 독점 계약으로
㈜에이케이커뮤니케이션즈에 있습니다.
저작권법에 의해 한국에서 보호를 받는 저작물이므로 무단전재와 무단복제를 금합니다.

*잘못된 책은 구입한 곳에서 무료로 바꿔드립니다.